이번 학기 공부 습 책!

바쁜 친구들이 즐거워지는
빠른 학습법

바빠
교과서
연산

1-1

" 우리 아이가
끝까지 푼 책은
이 책이 처음이에요." ─학부모 후기 중

작은 발걸음 방식 문제 배치, **전문가의 연산 꿀팁** 가득!

이지스에듀

지은이 | **징검다리 교육연구소**

징검다리 교육연구소는 바쁜 친구들을 위한 빠른 학습법을 연구하는 이지스에듀의 공부 연구소입니다.
아이들이 기계적으로 공부하지 않도록, 두뇌가 활성화되는 과학적 학습 설계가 적용된 책을 만듭니다.
이 책을 함께 개발한 **강난영 선생님**은 영역별 연산 훈련 교재로, 연산 시장에 새바람을 일으킨 《바쁜
5·6학년을 위한 빠른 연산법》, 《바쁜 중1을 위한 빠른 중학연산》, 《바쁜 초등학생을 위한 빠른
구구단》을 기획하고 집필한 저자입니다. 또한 20년이 넘는 기간 동안 디딤돌, 한솔교육, 대교에서
초중등 콘텐츠를 연구, 기획, 개발했습니다.

바빠 교과서 연산 시리즈(개정판)

바빠 교과서 연산 1-1

(이 책은 2018년 11월에 출간한 '바쁜 1학년을 위한 빠른 교과서 연산 1-1'을 새 교육과정에 맞춰 개정했습니다.)

초판 1쇄 인쇄 2024년 4월 30일
초판 1쇄 발행 2024년 4월 30일
지은이 징검다리 교육연구소
발행인 이지연   펴낸곳 이지스퍼블리싱(주)
출판사 등록번호 제313-2010-123호   제조국명 대한민국
주소 서울시 마포구 잔다리로 109 이지스 빌딩 5층(우편번호 04003)
대표전화 02-325-1722   팩스 02-326-1723
이지스퍼블리싱 홈페이지 www.easyspub.com   이지스에듀 카페 www.easysedu.co.kr
바빠 아지트 블로그 blog.naver.com/easyspub   인스타그램 @easys_edu
페이스북 www.facebook.com/easyspub2014   이메일 service@easyspub.co.kr

본부장 조은미   기획 및 책임 편집 김현주 | 박지연, 정지연, 이지혜   표지 및 내지 디자인 손한나
교정 권민휘   일러스트 김학수, 이츠북스   전산편집 이츠북스   인쇄 js프린팅   독자 지원 오경신, 박애림
영업 및 문의 이주동, 김요한(support@easyspub.co.kr)   마케팅 박정현, 한송이, 이나리

ISBN 979-11-6303-582-4
ISBN 979-11-6303-581-7(세트)
가격 11,000원

• **이지스에듀**는 이지스퍼블리싱(주)의 교육 브랜드입니다.
(이지스에듀는 학생들을 탈락시키지 않고 모두 목적지까지 데려가는 책을 만듭니다!)

공부 습관을 만드는 첫 번째 연산 책!
이번 학기에 필요한 연산은 이 책으로 완성!

 이번 학기 연산, 작은 발걸음 배치로 막힘 없이 풀 수 있어요!

'바빠 교과서 연산'은 이번 학기에 필요한 연산만 모아 똑똑한 방식으로 훈련하는 '학교 진도 맞춤 연산 책'이에요. 실제 학교에서 배우는 방식으로 설명하고, 작은 발걸음 방식(small-step)으로 문제가 배치되어 막힘 없이 풀게 돼요. 여기에 이해를 돕고 실수를 줄여 주는 꿀팁까지! 수학 전문학원 원장님에게나 들을 수 있던 '바빠 꿀팁'과 책 곳곳에서 알려주는 빠독이의 힌트로 쉽게 이해하고 문제를 풀 수 있답니다.

 산만해지는 주의력을 잡아 주는 이 책의 똑똑한 장치들!

이 책에서는 자릿수가 중요한 연산 문제는 모눈 위에서 정확하게 계산하도록 편집했어요. 또 1학년 친구들이 자주 틀린 문제는 '앗! 실수' 코너로 한 번 더 짚어 주어 더 빠르고 완벽하게 학습할 수 있답니다.

그리고 각 쪽마다 집중 시간이 적힌 목표 시계가 있어요. 이 시계는 속도를 독촉하기 위한 게 아니에요. 제시된 시간은 딴짓하지 않고 풀면 1학년 어린이가 충분히 풀 수 있는 시간입니다. 공부할 때 산만해지지 않도록 시간을 측정해 보세요. 집중하는 재미와 성취감을 동시에 맛보게 될 거예요.

 엄마들이 감동한 책－'우리 아이가 처음으로 끝까지 푼 문제집이에요!'

이 책은 아직 공부 습관이 잡히지 않은 친구들에게도 딱이에요! 지난 5년간 '바빠 교과서 연산'을 경험한 학부모님들의 후기를 보면, '아이가 직접 고른 문제집이에요.', '처음으로 끝까지 다 푼 책이에요!', '연산을 싫어하던 아이가 이 책은 재밌다며 또 풀고 싶대요!' 등 아이들의 공부 습관을 꽉 잡아 준 책이라는 감동적인 서평이 가득합니다.

이 책을 푼 후, 학교에 가면 수학 교과서를 미리 푼 효과로 수업 시간에도, 단원평가에도 자신감이 생길 거예요. 새 교육과정에 맞춘 연산 훈련으로 수학 실력이 '쑤욱' 오르는 기쁨을 만나 보세요!

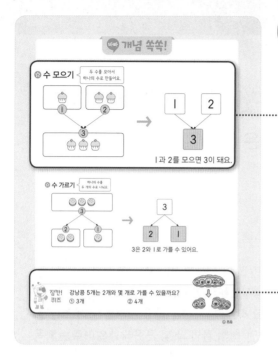

1단계 필수 개념 정리

수학 교과서 핵심 개념만 쏙쏙 골라 담았어요!

● 마당마다 꼭 알아야 할
핵심 개념을 확인하고 시작해요.

● 개념을 바르게 이해했는지
'잠깐! 퀴즈'로 확인할 수 있어요.

2단계 체계적인 연산 훈련 작은 발걸음 방식(small step)으로 차근차근 실력을 쌓아요.

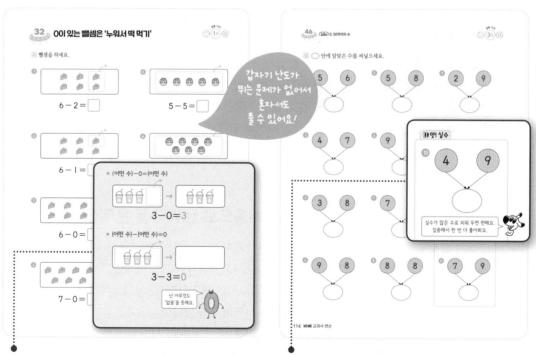

**전국 수학학원 원장님들에게 모아 온
'연산 꿀팁!'**으로 막힘없이 술술~ 풀 수 있어요.

'앗! 실수' 코너로 1학년 친구들이 자주 틀린
문제를 한 번 더 풀고 넘어가요.

기초 문장제와 재미있는 연산 활동으로 수 응용력을 키워요!

'생활 속 기초 문장제'로 서술형의 기초를
다져요.

그림 그리기, 선 잇기 등 **'재미있는 연산 활동'**
으로 **수 응용력**과 **사고력**을 키워요.

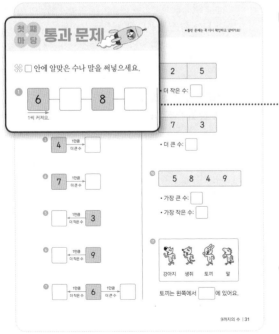

4단계 **마당별 통과 문제**

통과 문제를 풀 수 있다면 이번 마당 연산 공부 끝!

이번 마당 학습을 마무리해도 좋을지
'통과 문제'로 점검하는 시간이에요!
틀린 문제는 해당 차시를 확인한 후,
다시 풀어 보세요!

단원평가 보기 전에
다시 확인하면
더 효과적이에요~

[교과서] 1. 9까지의 수
· 1, 2, 3, 4, 5를 알아볼까요
· 6, 7, 8, 9를 알아볼까요
· 순서를 알아볼까요
· 수의 순서를 알아볼까요
· 1만큼 더 큰 수와 1만큼 더 작은 수를 알아볼까요
· 0을 알아볼까요
· 수의 크기를 비교해 볼까요

[지도 길잡이] 초등학교에 들어와 처음 배우는 내용은 '9까지의 수'입니다. 9까지의 수를 세는 것뿐만 아니라, 수를 쓰고 읽는 정확한 방법을 익히도록 도와주세요.

[교과서] 3. 덧셈과 뺄셈
· 모으기와 가르기를 해 볼까요(1)
· 모으기와 가르기를 해 볼까요(2)

[지도 길잡이] 수 모으기와 가르기는 덧셈과 뺄셈의 기초가 되는 활동입니다. 집에서 동전, 바둑돌, 공깃돌 등 구체물을 활용해, 놀이하듯 가르기와 모으기를 연습해 보세요.

[교과서] 3. 덧셈과 뺄셈
· 덧셈을 알아볼까요
· 덧셈을 해 볼까요
· 뺄셈을 알아볼까요
· 뺄셈을 해 볼까요
· 0이 있는 덧셈과 뺄셈을 해 볼까요
· 덧셈과 뺄셈을 해 볼까요

지도 길잡이 아이들이 처음으로 '+', '-', '=' 기호를 접하게 됩니다. 이 기호들을 사용하여 한 자리 수의 덧셈과 뺄셈에 익숙해지도록 지도해 주세요.

넷째 마당 🪐 50까지의 수 `100`

교과서 5. 50까지의 수
· 9 다음의 수를 알아볼까요
· 십 몇을 알아볼까요
· 모으기와 가르기를 해 볼까요
· 10개씩 묶어 세어 볼까요
· 50까지의 수를 세어 볼까요

지도 길잡이 앞에서 배운 '9까지의 수'의 범위를 넓혀 '500까지의 수'를 이해하고, 두 자리 수를 10개씩 묶음과 낱개로 표현하는 방법을 익히도록 지도해 주세요.

다섯째 마당 🪐 50까지의 수의 순서와 크기 비교 `128`

교과서 5. 50까지의 수
· 50까지의 수의 순서를 알아볼까요
· 수의 크기를 비교해 볼까요

지도 길잡이 50까지의 수를 처음에는 구체물로 크기를 비교하지만, 나중에는 수 자체로 크기를 비교하는 방법을 알아야 해요.

오늘 공부한
단계를 색칠해
보세요!

01
02
03
04
05
06

첫째 마당

9까지의 수

교과서 1. 9까지의 수

07

08

09

10

개념 쏙쏙!

☆ **9까지의 수**: 수를 읽는 방법은 '하나, 일'처럼 2가지예요.

• 1	•• 2	••• 3	•••• 4	••••• 5
하나, 일	둘, 이	셋, 삼	넷, 사	다섯, 오

6	7	8	9
여섯, 육	일곱, 칠	여덟, 팔	아홉, 구

☆ **수의 순서**

첫째   둘째   셋째   넷째   다섯째   여섯째   일곱째   여덟째   아홉째

☆ **0**: 아무것도 없는 것으로 '영'이라고 읽어요.

아무것도 없음!

2   1   0

 잠깐! 퀴즈   바르게 짝지어진 것은 어느 것일까요?

① 8 — 여덟   ② 3 — 사

정답 ①

01 9까지의 수 쓰고 읽기

✂ 수를 세어 쓰고, 두 가지 방법으로 읽어 보세요.

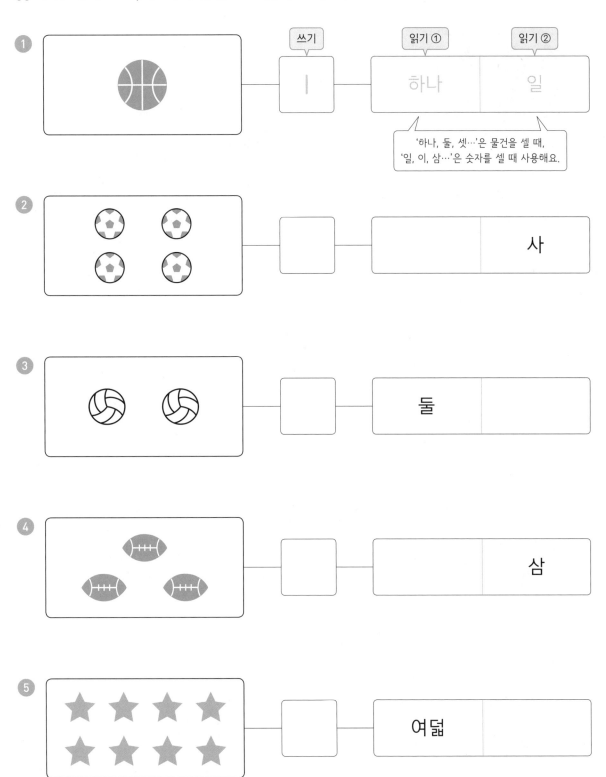

쓰기 | 읽기 ① | 읽기 ②

① | | 하나 | 일

'하나, 둘, 셋…'은 물건을 셀 때, '일, 이, 삼…'은 숫자를 셀 때 사용해요.

② | | | 사

③ | | 둘 |

④ | | | 삼

⑤ | | 여덟 |

✂ 수를 세어 쓰고, 두 가지 방법으로 읽어 보세요.

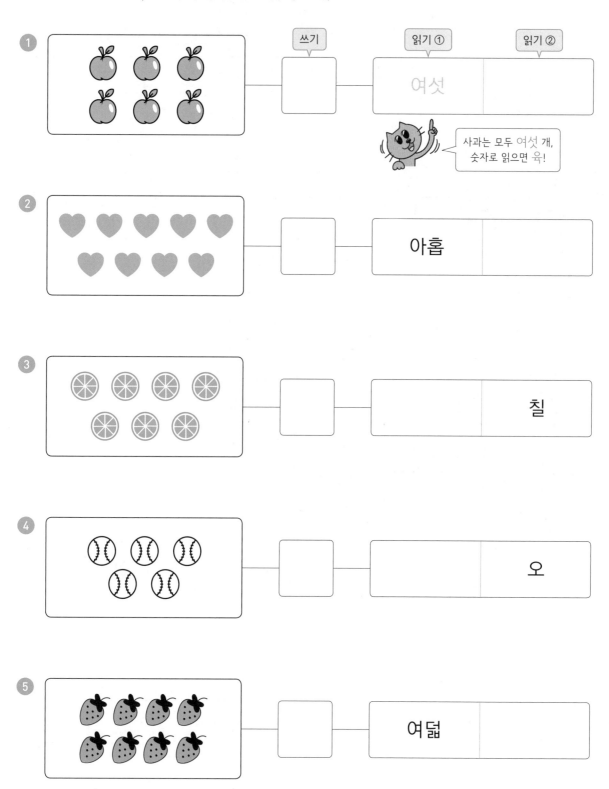

①

쓰기

읽기 ① 읽기 ②

여섯

사과는 모두 여섯 개,
숫자로 읽으면 육!

②

아홉

③

칠

④

오

⑤

여덟

9까지의 수 세고 읽기

✂ 무당벌레의 몸에 있는 ⚪의 수와 같은 수를 찾아 선으로 이으세요.

무당벌레의 몸에 있는
점을 모두 세어 보세요!

①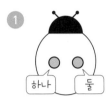
하나 · 둘 · 셋

5

②

6

③

3

④

8

⑤

9

⑥

4

✂ 수를 세어 쓰고, 두 가지 방법으로 읽어 보세요.

① 쓰기: 2 | 읽기① 둘 | 읽기② 이

② 다섯

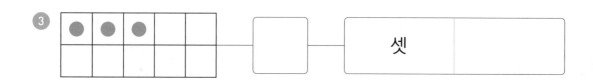

③ 셋

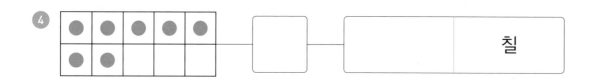

④ 칠

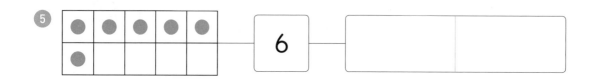

⑤ 6

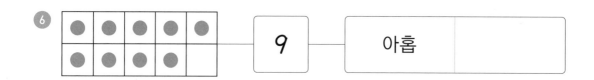

⑥ 9 | 아홉

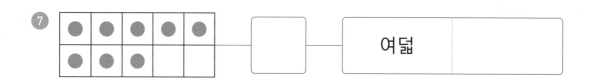

⑦ 여덟

✂ 순서에 맞게 ◯표 하세요.

① 셋째

왼쪽에서부터 첫째, 둘째, 셋째를 찾아요.

첫째 둘째 셋째

② 넷째

③ 여섯째

④ 여덟째

⑤ 일곱째

⑥ 다섯째

⑦ 아홉째

첫째 둘째 셋째 넷째 다섯째 여섯째 일곱째 여덟째 아홉째

집중 시간
3분

✖ 순서에 맞게 ☐ 안에 알맞은 수나 말을 써넣으세요.

①
| I | 2 | 3 | 4 | ☐ | 6 | ☐ | ☐ | 9 |

서술형 시험에 대비하려면 한글로
정확하게 쓸 수 있어야 해요!

②
| 일 | 이 | 삼 | 사 | 오 | ☐ | 칠 | 팔 | ☐ |

③
| 하나 | 둘 | ☐ | 넷 | 다섯 | 여섯 | ☐ | 여덟 | ☐ |

④
| 첫째 | 둘째 | 셋째 | ☐ | 다섯째 | ☐ | 일곱째 | 여덟째 | ☐ |

⑤
| ☐ | 2 | ☐ | 4 | 5 | ☐ | 7 | ☐ | ☐ |

⑥
| 9 | 8 | 7 | ☐ | 5 | ☐ | 3 | ☐ | I |

04 9까지의 수, 순서대로 쓰기

✂️ 순서에 맞게 ☐ 안에 알맞은 수를 써넣으세요.

①

⑥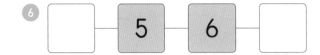

②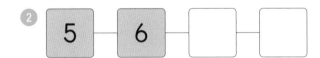

⑦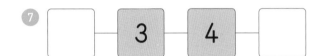

③

⑧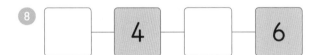

④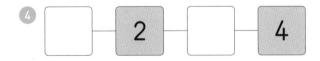

⑨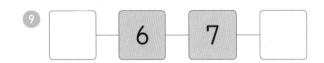

⑤

⑩

집중 시간 **3분**

순서에 맞게 빈칸에 알맞은 수를 써넣으세요.

①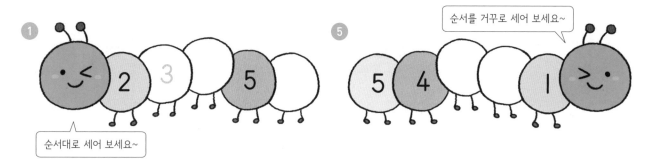
순서를 거꾸로 세어 보세요~

순서대로 세어 보세요~

②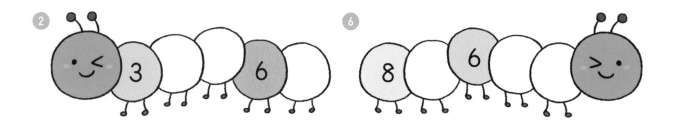

③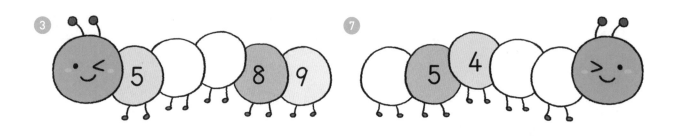

④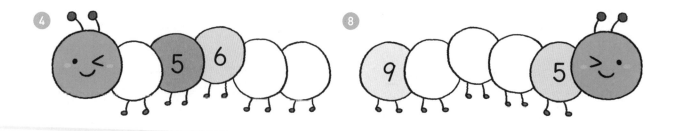

05 1만큼 더 큰 수/작은 수를 찾아라!

집중 시간
2분

❄ 빈칸에 1만큼 더 큰 수 또는 1만큼 더 작은 수만큼 ●를 그리고, 알맞은 수를 써넣으세요.

①
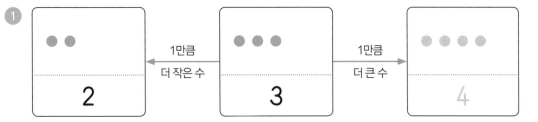

1만큼
더 작은 수

2

3

1만큼
더 큰 수

4

●를 3개보다 1개
더 많이 그려요.

②
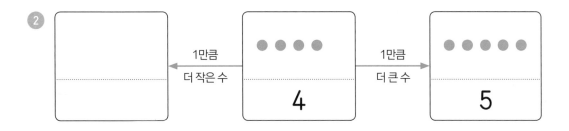

1만큼
더 작은 수

4

1만큼
더 큰 수

5

③
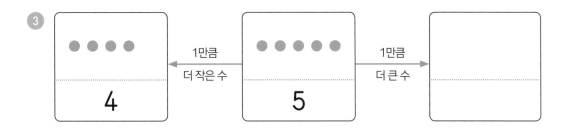

1만큼
더 작은 수

4

5

1만큼
더 큰 수

④
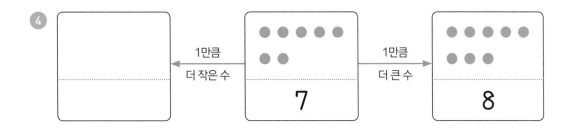

1만큼
더 작은 수

7

1만큼
더 큰 수

8

✂ 왼쪽 수보다 1만큼 더 작은 수에 ◯표 하세요.

① **3** — (②̊) **1** **4**

> 3보다 1만큼 더 작은 수는?

② **5** — **2** **3** **4**

③ **6** — **7** **5** **4**

④ **8** — **6** **9** **7**

⑤ **9** — **8** **7** **6**

✂ 왼쪽 수보다 1만큼 더 큰 수에 ◯표 하세요.

⑥ **2** — **1** **5** **3**

> 2보다 1만큼 더 큰 수는?

⑦ **4** — **5** **3** **6**

⑧ **5** — **4** **6** **7**

⑨ **7** — **8** **6** **9**

⑩ **8** — **7** **9** **6**

✂ ☐ 안에 알맞은 수를 써넣으세요.

① 3 → 1만큼 더 큰 수 → 4

⑥ 0 ← 1만큼 더 작은 수 ← 1

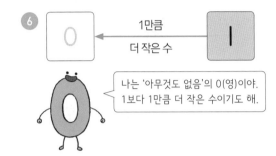
나는 '아무것도 없음'의 0(영)이야.
1보다 1만큼 더 작은 수이기도 해.

② 6 → 1만큼 더 큰 수 → ☐

⑦ ☐ ← 1만큼 더 작은 수 ← 5

③ 4 → 1만큼 더 큰 수 → ☐

⑧ ☐ ← 1만큼 더 작은 수 ← 7

④ 8 → 1만큼 더 큰 수 → ☐

⑨ ☐ ← 1만큼 더 작은 수 ← 2

⑤ 2 → 1만큼 더 큰 수 → ☐

⑩ ☐ ← 1만큼 더 작은 수 ← 9

✄ ☐ 안에 알맞은 수를 써넣으세요.

1 ☐ ← 1만큼 더 작은 수 — **5** — 1만큼 더 큰 수 → ☐

6 ☐ ← 1만큼 더 작은 수 — **7** — 1만큼 더 큰 수 → ☐

2 ☐ ← 1만큼 더 작은 수 — **1** — 1만큼 더 큰 수 → ☐

7 ☐ ← 1만큼 더 작은 수 — **8** — 1만큼 더 큰 수 → ☐

3 ☐ ← 1만큼 더 작은 수 — **3** — 1만큼 더 큰 수 → ☐

8 ☐ ← 1만큼 더 작은 수 — **6** — 1만큼 더 큰 수 → ☐

4 ☐ ← 1만큼 더 작은 수 — **4** — 1만큼 더 큰 수 → ☐

앗! 실수

9 **6** ← 1만큼 더 작은 수 — ☐ — 1만큼 더 큰 수 → ☐

6은 어떤 수보다
1만큼 더 작은 수일까?

5 ☐ ← 1만큼 더 작은 수 — **2** — 1만큼 더 큰 수 → ☐

4는 어떤 수보다
1만큼 더 큰 수일까?

10 ☐ ← 1만큼 더 작은 수 — ☐ — 1만큼 더 큰 수 → **4**

어떤 수가 더 클까?

✂ 왼쪽 수만큼 ●를 그리고, 알맞은 말에 ◯표 하세요.

①

4는 2보다 ((큽니다) , 작습니다).

●가 많은 수가 더 큰 수예요.

7은 6보다 ((큽니다) , 작습니다).

②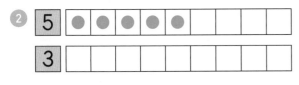

5는 3보다 (큽니다 , 작습니다).

⑤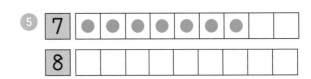

7은 8보다 (큽니다 , 작습니다).

③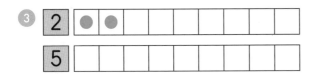

2는 5보다 (큽니다 , 작습니다).

⑥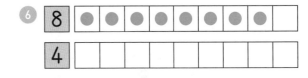

8은 4보다 (큽니다 , 작습니다).

④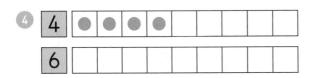

4는 6보다 (큽니다 , 작습니다).

⑦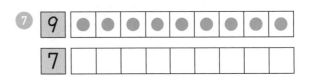

9는 7보다 (큽니다 , 작습니다).

집중 시간
1분

✂ □ 안에 알맞은 수를 써넣으세요.

① | 2 | 4 |

더 큰 수: □

② | 3 | 2 |

더 큰 수: □

③ | 5 | 6 |

더 큰 수: □

④ | 6 | 8 |

더 큰 수: □

⑤ | 8 | 9 |

더 큰 수: □

⑥ | 3 | 1 |

더 작은 수: □

⑦ | 4 | 5 |

더 작은 수: □

⑧ | 7 | 3 |

더 작은 수: □

⑨ | 7 | 9 |

더 작은 수: □

⑩ | 5 | 8 |

더 작은 수: □

08 가장 큰 수와 가장 작은 수는?

✿ 왼쪽 수만큼 ○를 그리고, ☐ 안에 알맞은 수를 써넣으세요.

①

2	○	○							
4									
3									

- 가장 큰 수는 ☐ 입니다.
- 가장 작은 수는 ☐ 입니다.

＊ 크기가 작은 수부터 쓰면
가장 왼쪽에 있는 수가 가장 작은 수이고,
가장 오른쪽에 있는 수가 가장 큰 수예요.

②

4	○	○	○	○					
6									
7									

- 가장 큰 수는 ☐ 입니다.
- 가장 작은 수는 ☐ 입니다.

④

3									
6	○	○	○	○	○	○			
4									

- 가장 큰 수는 ☐ 입니다.
- 가장 작은 수는 ☐ 입니다.

③

5	○	○	○	○	○				
6									
3									

- 가장 큰 수는 ☐ 입니다.
- 가장 작은 수는 ☐ 입니다.

⑤

8									
9	○	○	○	○	○	○	○	○	○
7									

- 가장 큰 수는 ☐ 입니다.
- 가장 작은 수는 ☐ 입니다.

집중 시간
1분

✂ □ 안에 알맞은 수를 써넣으세요.

① | 5 | 2 | 6 |

가장 큰 수: □

⑥ | 2 | 3 | 1 |

가장 작은 수: □

② | 6 | 5 | 7 |

가장 큰 수: □

⑦ | 4 | 2 | 5 |

가장 작은 수: □

③ | 4 | 7 | 5 |

가장 큰 수: □

⑧ | 7 | 8 | 6 |

가장 작은 수: □

④ | 3 | 8 | 9 |

가장 큰 수: □

⑨ | 6 | 4 | 8 |

가장 작은 수: □

⑤ | 8 | 6 | 7 |

가장 큰 수: □

⑩ | 3 | 9 | 7 |

가장 작은 수: □

09 수의 크기 비교하기

집중 시간 1분

왼쪽 수보다 더 큰 수에 ◯표 하세요.

1. 3 — 2 1 5
   3보다 더 큰 수는?
2. 6 — 3 7 6
3. 8 — 9 4 3
4. 5 — 2 4 8
5. 4 — 1 3 6

왼쪽 수보다 더 작은 수에 ◯표 하세요.

6. 4 — 4 2 5
   4보다 더 작은 수는?
7. 7 — 8 9 6
8. 2 — 1 5 3
9. 3 — 8 2 4
10. 5 — 6 3 8

※ 가장 큰 수에 ◯표, 가장 작은 수에 △표 하세요.

①
3 1 6 4

②
7 2 3 5

③
3 8 5 9

④
7 6 2 3

⑤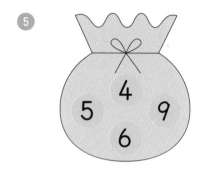
4 5 9 6

⑥
8 4 7 3

⑦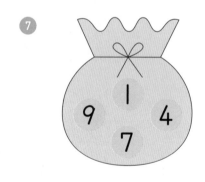
1 9 4 7

⑧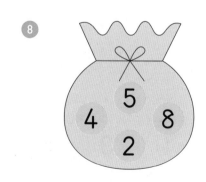
5 4 8 2

10 생활 속 연산 – 9까지의 수

집중 시간 2분

그림을 보고 보기 에서 알맞은 수나 말을 찾아 써넣으세요.

보기	1	3	5	일	삼	오	넷째	둘째

1

학교 건물은 (수: 3 / 말: 삼) 층입니다.

2

누나는 (수: ☐ / 말: ☐) 학년 (수: ☐ / 말: ☐) 반입니다.

3

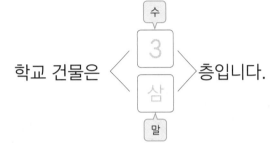

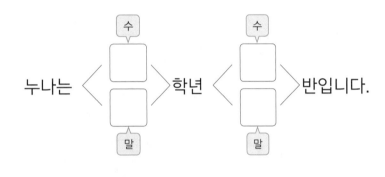

순서를 나타낼 때는 '첫째, 둘째, 셋째…'라고 말해요.

영미는 왼쪽에서 둘째 에 서 있습니다.

4

어머니는 왼쪽에서 ☐ 에 서 있습니다.

✿ 강아지가 길을 잃어버렸어요. 갈림길에서 알맞은 답을 따라가면 집에 도착할 수 있대요.
강아지가 집으로 가는 길을 찾아 선으로 이으세요.

✂ □ 안에 알맞은 수나 말을 써넣으세요.

1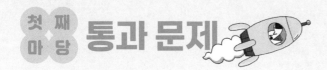

6 □ 8 □

→ 1씩 커져요.

2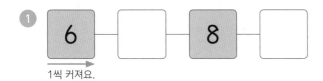

2 □ □ 5

→ 1씩 커져요.

3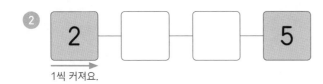

4 — 1만큼 더 큰 수 — □

4 7 — 1만큼 더 큰 수 — □

5 □ ← 1만큼 더 작은 수 — 3

6 □ ← 1만큼 더 작은 수 — 9

7 □ ← 1만큼 더 작은 수 — 6 — 1만큼 더 큰 수 → □

8

| 2 | 5 |

• 더 작은 수: □

9

| 7 | 3 |

• 더 큰 수: □

10

| 5 | 8 | 4 | 9 |

• 가장 큰 수: □

• 가장 작은 수: □

11

강아지   생쥐   토끼   말

토끼는 왼쪽에서 □에 있어요.

오늘 공부한
단계를 색칠해
보세요!

둘째 마당

모으기와 가르기

교과서 3. 덧셈과 뺄셈

16

19

18

17

☆ 수 모으기

> 두 수를 모아서 하나의 수로 만들어요.

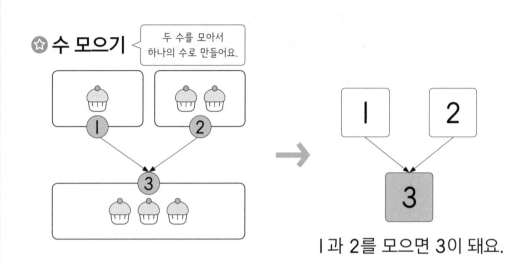

1과 2를 모으면 3이 돼요.

☆ 수 가르기

> 하나의 수를 두 개의 수로 나눠요.

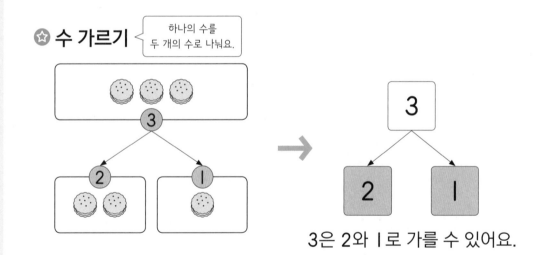

3은 2와 1로 가를 수 있어요.

잠깐! 퀴즈 강낭콩 5개는 2개와 몇 개로 가를 수 있을까요?
① 3개   ② 4개

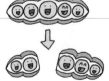

11 두 수를 모아 3, 4, 5 만들기

✂ 그림을 보고 ☐ 안에 알맞은 수를 써넣으세요.

1
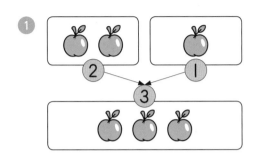 →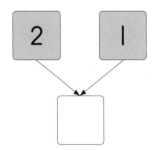

2
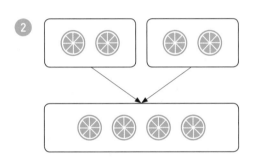 →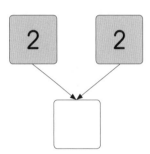

3
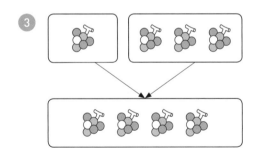 →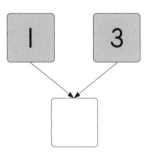

4
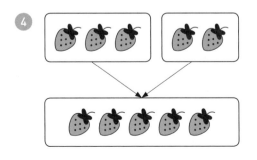 →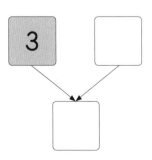

○ 안에 알맞은 수를 써넣으세요.

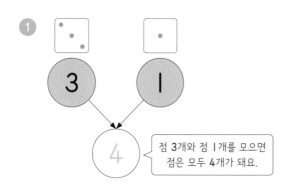

점 3개와 점 1개를 모으면
점은 모두 4개가 돼요.

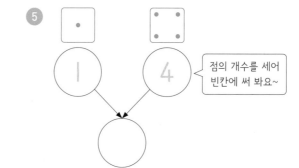

점의 개수를 세어
빈칸에 써 봐요~

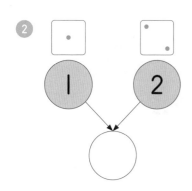

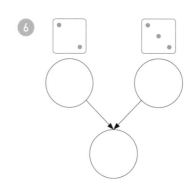

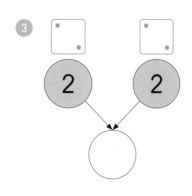

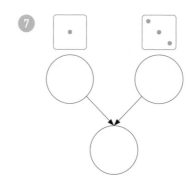

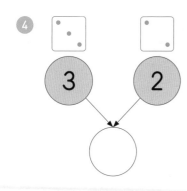

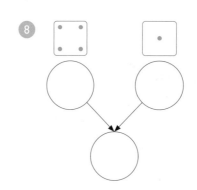

두 수를 모아 6, 7, 8, 9 만들기

✂ 그림을 보고 □ 안에 알맞은 수를 써넣으세요.

1

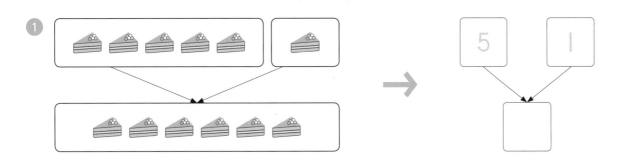

2

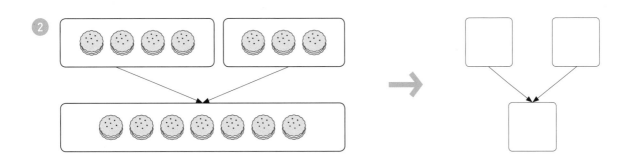

3

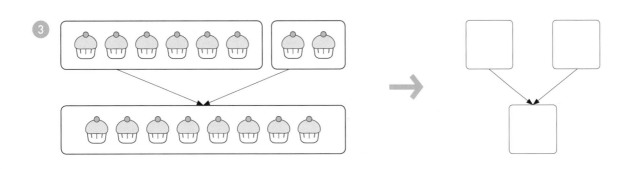

4

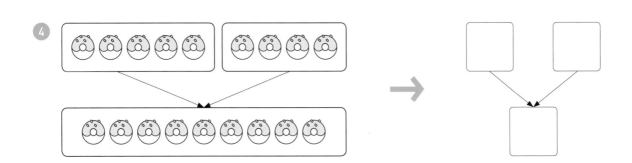

✂ ○ 안에 알맞은 수를 써넣으세요.

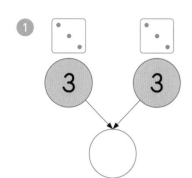

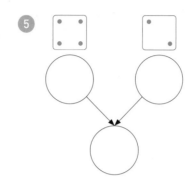

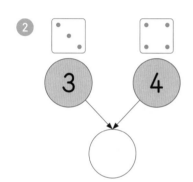

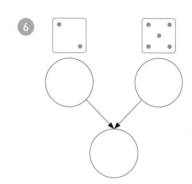

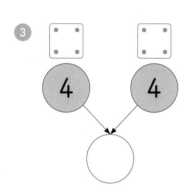

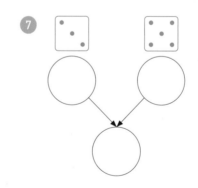

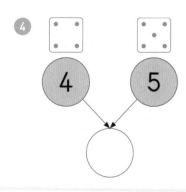

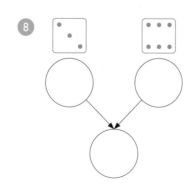

✂ ☐ 안에 알맞은 수를 써넣으세요.

①
```
  2     3
     ↘ ↙
      5
```

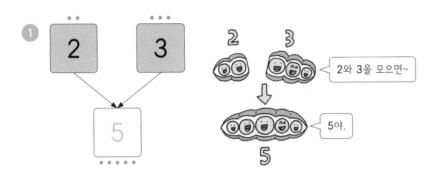

2와 3을 모으면~

5야.

②
```
  1     6
     ↘ ↙
     ☐
```

③
```
  3     3
     ↘ ↙
     ☐
```

④
```
  2     1
     ↘ ↙
     ☐
```

⑤
```
  5     2
     ↘ ↙
     ☐
```

⑥
```
  1     7
     ↘ ↙
     ☐
```

⑦
```
  2     2
     ↘ ↙
     ☐
```

⑧
```
  4     2
     ↘ ↙
     ☐
```

⑨
```
  8     1
     ↘ ↙
     ☐
```

⑩
```
  3     5
     ↘ ↙
     ☐
```

⑪
```
  7     2
     ↘ ↙
     ☐
```

✂ □ 안에 알맞은 수를 써넣으세요.

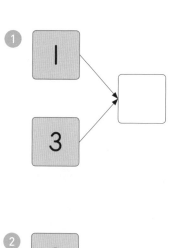

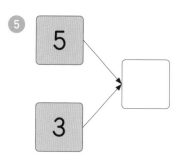

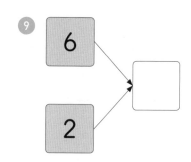

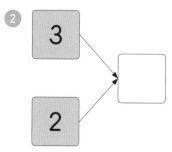

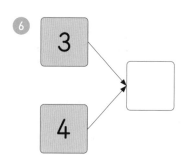

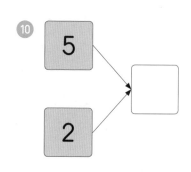

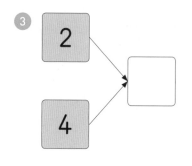

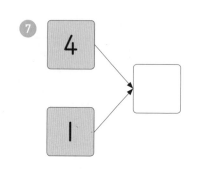

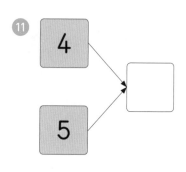

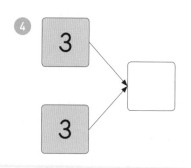

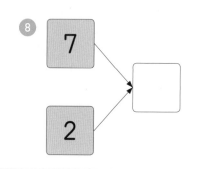

장 보고 올게!

두부 사면서 과자도 꼭 사(4)오(5)구(9)~

9까지의 수 모으기는 중요하니 한 번 더!

� ○ 안에 알맞은 수를 써넣으세요.

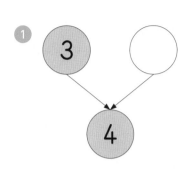

①

모으기를 잘해야
'더하기'를 잘 할 수 있어요.

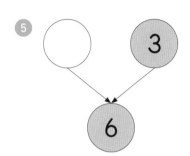

⑤

😲 앗! 실수

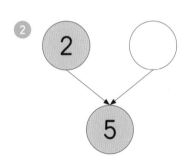

②

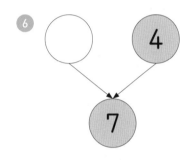

⑥

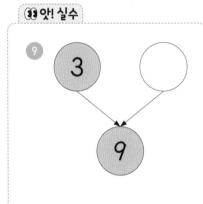

⑨

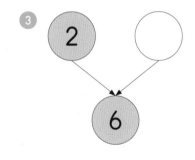

③

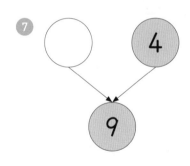

⑦

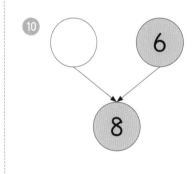

⑩

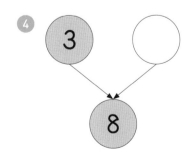

④

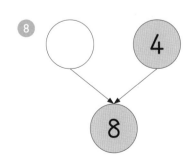

⑧

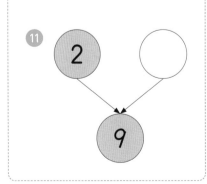

⑪

집중 시간 **2분**

✂ 위의 두 수를 모으기한 수를 바로 아래 빈칸에 써넣으세요.

①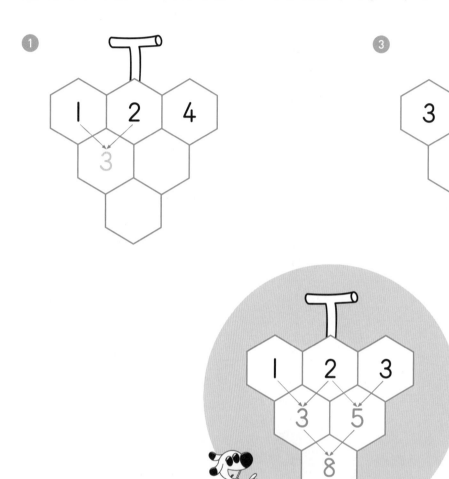

③

이렇게 해결해요!

②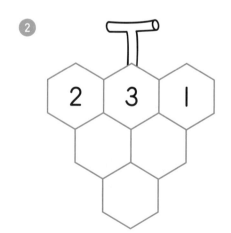

④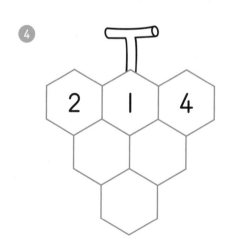

15 | 3, 4, 5를 두 수로 가르기

✿ 그림을 보고 ☐ 안에 알맞은 수를 써넣으세요.

①

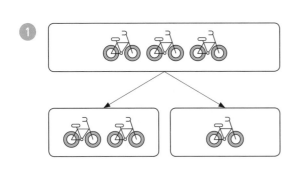

→

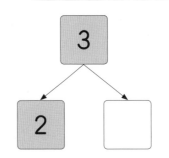

②

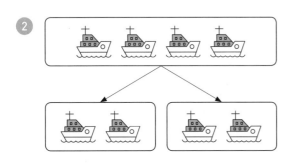

→

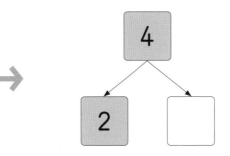

③

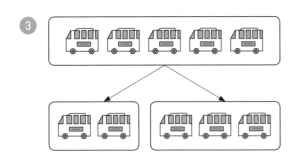

→

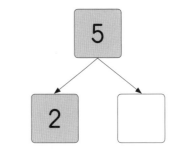

④

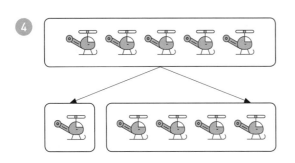

→

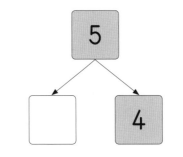

모으기와 가르기 | 43

✄ □ 안에 알맞은 수를 써넣으세요.

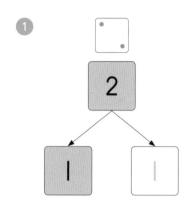

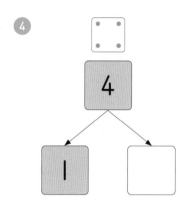

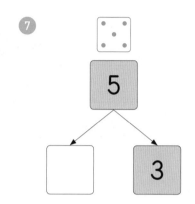

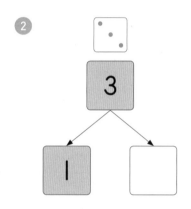

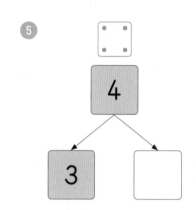

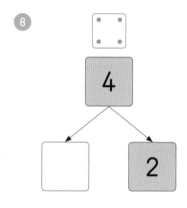

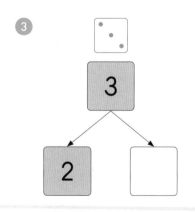

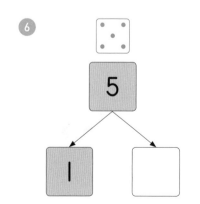

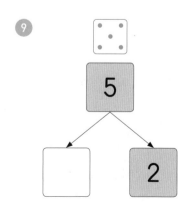

16 6, 7, 8, 9를 두 수로 가르기

✂ □ 안에 알맞은 수를 써넣으세요.

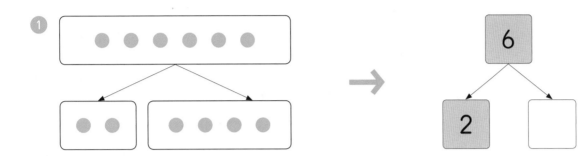

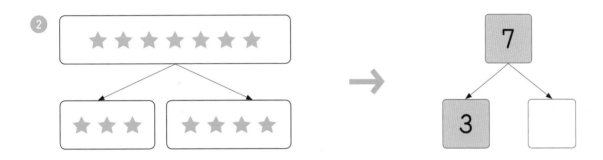

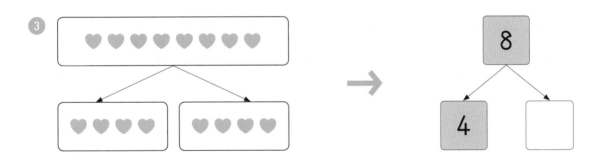

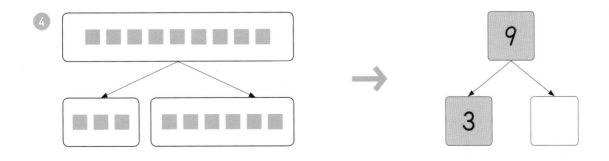

✂ □ 안에 알맞은 수를 써넣으세요.

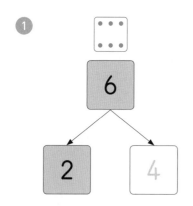

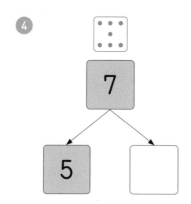

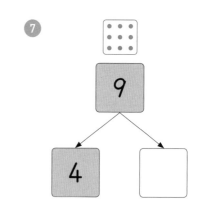

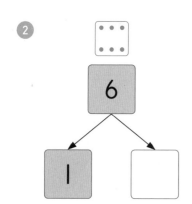

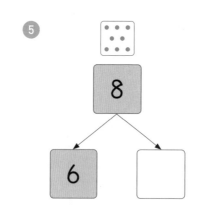

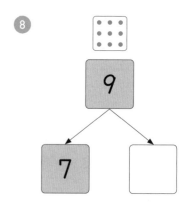

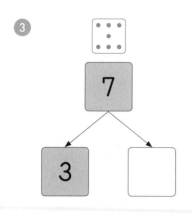

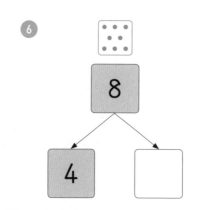

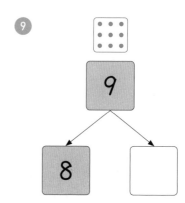

◇ □ 안에 알맞은 수를 써넣으세요.

①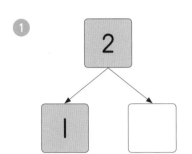

②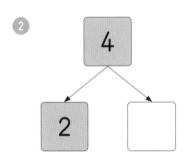

③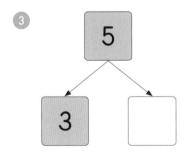

④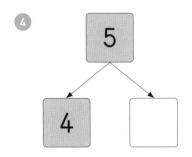

⑤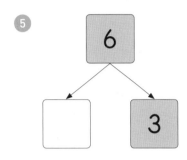

모으면 하나의
큰 수가 되고

가르면 작은
두 수가 돼요.

⑥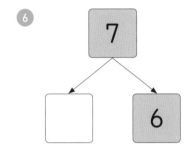

⑦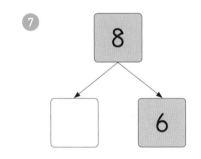

⑧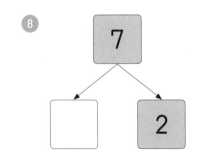

⑨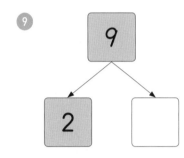

⑩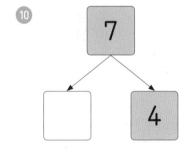

⑪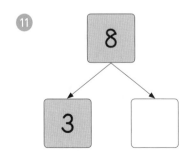

❀ ☐ 안에 알맞은 수를 써넣으세요.

①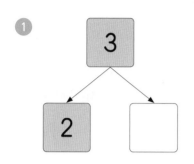

⑤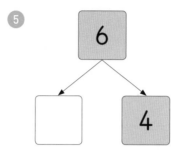

⑨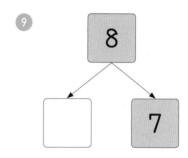

②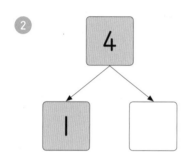

⑥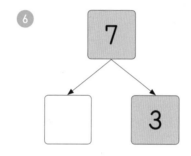

⑩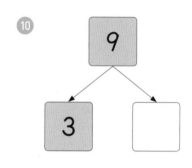

③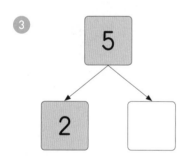

⑦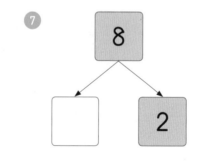

⑪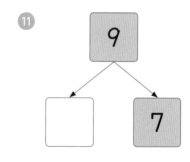

④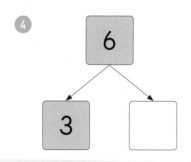

⑧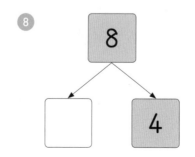

⑫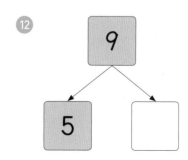

9까지의 수 가르기는 중요하니 한 번 더!

□ 안에 알맞은 수를 써넣으세요.

1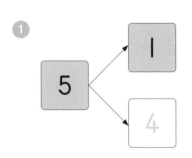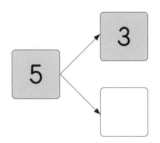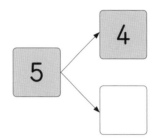

2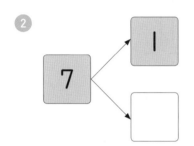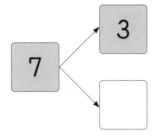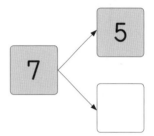

3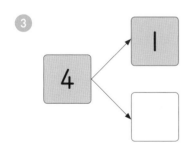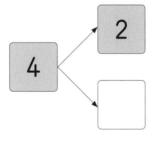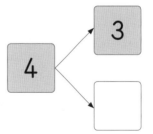

4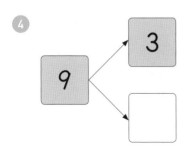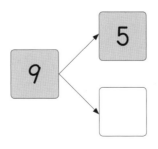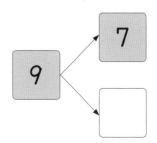

✿ 위의 수를 두 수로 가르기한 수를 바로 아래 빈칸에 써넣으세요.

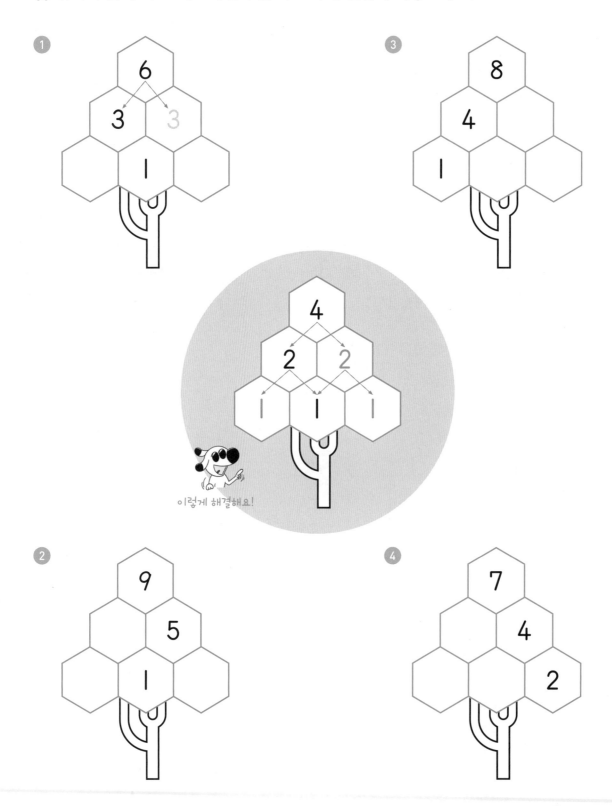

1
6
3 3
1

3
8
4
1

4
2 2
1 1 1

이렇게 해결해요!

2
9
5
1

4
7
4
2

50 바빠 교과서 연산

19 생활 속 연산 – 모으기와 가르기

✳ 그림을 보고 ☐ 안에 알맞은 수를 써넣으세요.

모으기와 가르기를 잘하면 나중에
배우는 덧셈과 뺄셈도 잘할 수 있어요~

①

영미의 책 4권과 지수의 책 3권을 모으면

☐ 권이 됩니다.

②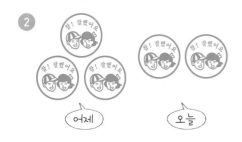

어제 받은 칭찬 붙임딱지 3장과 오늘 받은 칭찬

붙임딱지 2장을 모으면 ☐ 장이 됩니다.

③

음료수 5잔은 얼음이 있는 음료수 3잔과

얼음이 없는 음료수 ☐ 잔으로 가를 수

있습니다.

④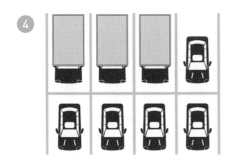

주차장에 있는 8대의 차는 트럭 3대와

승용차 ☐ 대로 가를 수 있습니다.

※ 송이네 가족이 주말 농장에서 키운 채소와 과일을 수확하는 날이에요. 수확한 채소와 과일을 한 박스에 9개씩 담아 포장할 때, 한 박스에 담을 채소와 과일을 찾아 선을 이으세요.

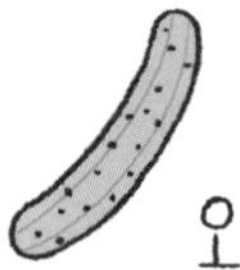 오이 •

•  수박

 딸기 •

•  사과

 가지 •

•  참외

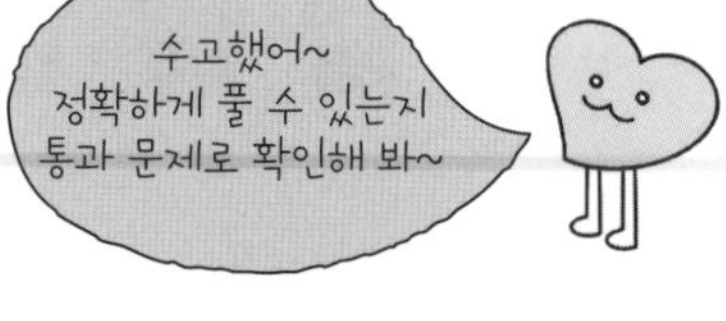

*틀린 문제는 꼭 다시 확인하고 넘어가요!

※ □ 안에 알맞은 수를 써넣으세요.

1. 2, 4 → □

2. 3, 6 → □

3. 2, 7 → □

4. 5, □ → 8

5. 5 → 3, □

6. 7 → 4, □

7. 8 → □, 2

8. 별 모양 스티커 4장과 달 모양 스티커 3장을 모으면 □장이 됩니다.

9. 냉장고 속 5개의 우유는 흰 우유 □개와 초코 우유 □개로 가를 수 있습니다.

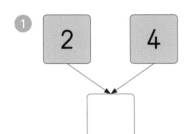

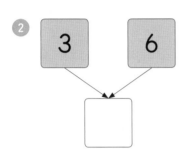

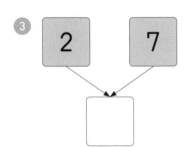

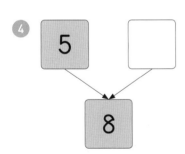

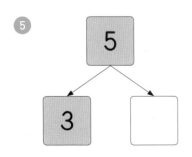

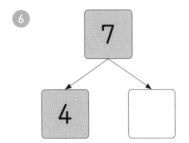

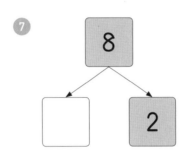

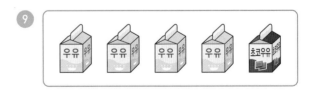

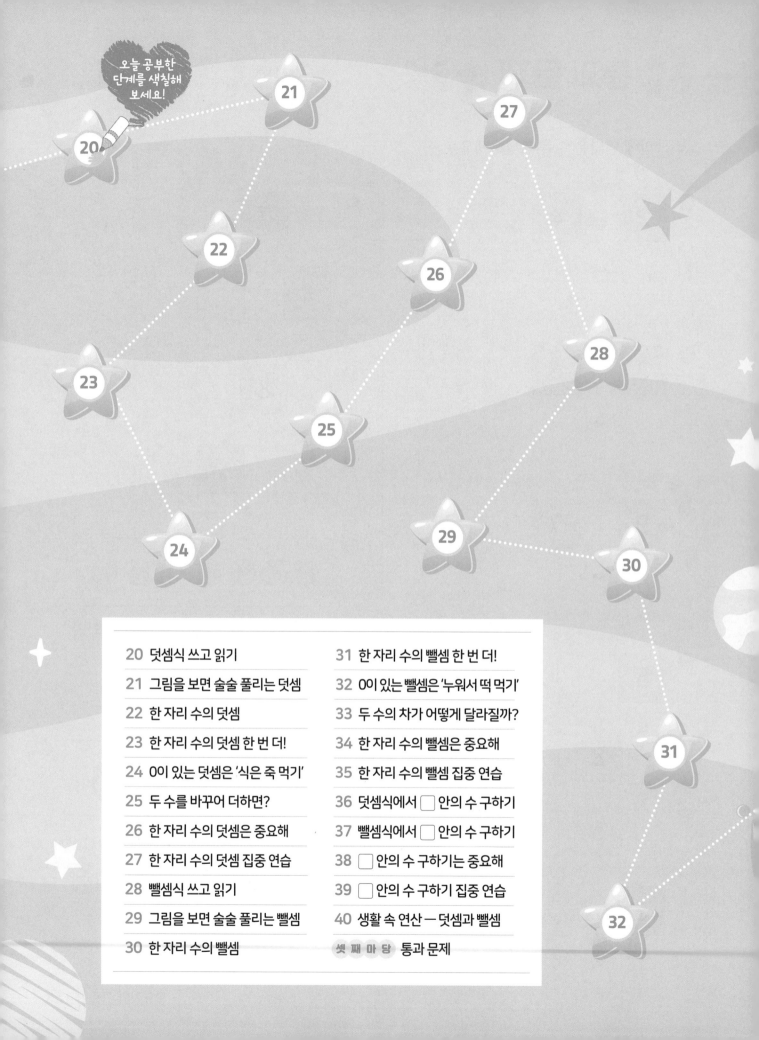

오늘 공부한
단계를 색칠해
보세요!

20

21

22

23

24

25

26

27

28

29

30

31

32

덧셈과 뺄셈

교과서 3. 덧셈과 뺄셈

☆ 덧셈 알아보기

쓰기 **3 + 1 = 4**

읽기 3 더하기 1은 4와 같습니다.

3과 1의 합은 4입니다.

☆ 뺄셈 알아보기

쓰기 **3 − 2 = 1**

읽기 3 빼기 2는 1과 같습니다.

3과 2의 차는 1입니다.

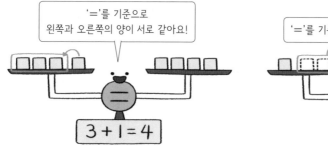

'='를 기준으로
왼쪽과 오른쪽의 양이 서로 같아요!

3 + 1 = 4

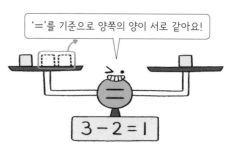

'='를 기준으로 양쪽의 양이 서로 같아요!

3 − 2 = 1

잠깐! 퀴즈 '4 더하기 1은 5와 같습니다.'를 덧셈식으로 바르게 나타낸 것은 어느 것일까요?

① 4 + 1 = 5   ② 4 − 1 = 5

20 덧셈식 쓰고 읽기

❀ 그림을 보고 덧셈식을 쓰고, 읽어 보세요.

①

쓰기 ▸ 2＋1 = ⟨3⟩

읽기 ▸ 2 더하기 1은 ☐ 과 같습니다.

②

2＋3 = ☐

2 더하기 3은 ☐ 와 같습니다.

③

1＋☐ = ☐

1 더하기 ☐ 는 ☐ 과 같습니다.

④

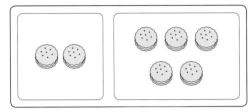

2＋☐ = ☐

2와 ☐ 의 합은 ☐ 입니다.

⑤

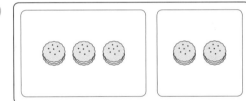

☐＋☐ = ☐

☐ 과 ☐ 의 합은 ☐ 입니다.

⑥

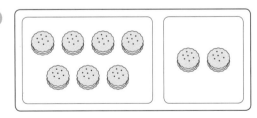

☐＋☐ = ☐

☐ 과 ☐ 의 합은 ☐ 입니다.

✂ 보기 와 같이 덧셈식을 쓰고, 읽어 보세요.

보기

$2 + 3 = 5$

2 더하기 3은 5와 같습니다.

③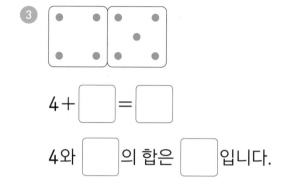

$4 + \boxed{} = \boxed{}$

4와 $\boxed{}$ 의 합은 $\boxed{}$ 입니다.

①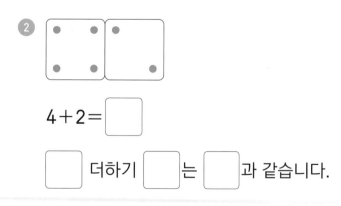

$3 + 3 = \boxed{}$

3 더하기 $\boxed{}$ 은 $\boxed{}$ 과 같습니다.

④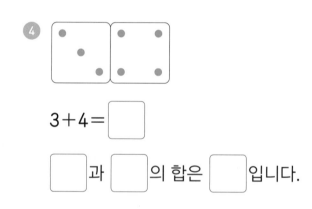

$3 + 4 = \boxed{}$

$\boxed{}$ 과 $\boxed{}$ 의 합은 $\boxed{}$ 입니다.

②

$4 + 2 = \boxed{}$

$\boxed{}$ 더하기 $\boxed{}$ 는 $\boxed{}$ 과 같습니다.

⑤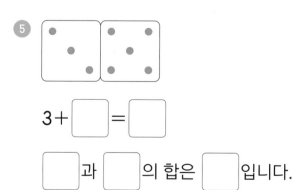

$3 + \boxed{} = \boxed{}$

$\boxed{}$ 과 $\boxed{}$ 의 합은 $\boxed{}$ 입니다.

21 그림을 보면 술술 풀리는 덧셈

그림을 보고 덧셈식을 쓰세요.

①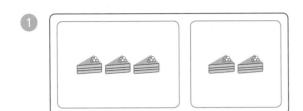

$3 + 2 = \boxed{}$

②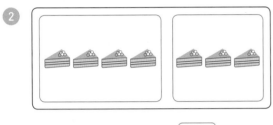

$4 + 3 = \boxed{}$

③

$6 + 3 = \boxed{}$

④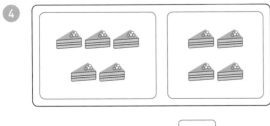

$5 + 4 = \boxed{}$

⑤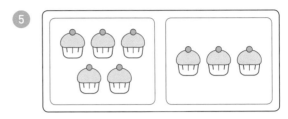

$5 + 3 = \boxed{}$

⑥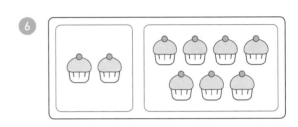

$2 + 7 = \boxed{}$

⑦

$8 + \boxed{} = \boxed{}$

⑧

$6 + \boxed{} = \boxed{}$

집중 시간
1분

그림을 보고 덧셈을 하세요.

> 덧셈을 먼저 한 다음 도넛 수를 세어
> 답이 맞았는지 확인해도 좋아요~

	그림	식	답
①		$2 + 1 =$	3
②		$2 + 4 =$	
③		$3 + 2 =$	
④		$3 + 4 =$	
⑤		$5 + 2 =$	
⑥		$3 + 3 =$	
⑦		$6 + 2 =$	
⑧		$5 + 3 =$	

22 한 자리 수의 덧셈

✂ 덧셈을 하세요.

① 1 + 2 =

② 3 + 2 =

③ 4 + 3 =

④ 2 + 5 =

⑤ 4 + 5 =

⑥ 6 + 3 =

⑦ 7 + 2 =

⑧ 3 + 6 =

⑨ 4 + 2 =

⑩ 2 + 6 =

⑪ 5 + 1 =

⑫ 5 + 3 =

⑬ 3 + 3 =

⑭ 6 + 2 =

⑮ 3 + 1 =

⑯ 1 + 7 =

우와~ 발견했어?
①~⑧ 문제는 답이 홀수,
⑨~⑯ 문제는 답이 짝수야!

❀ 덧셈을 하세요.

① 2 + 4 =

② 2 + 2 =

③ 3 + 4 =

④ 3 + 5 =

⑤ 5 + 4 =

⑥ 1 + 6 =

⑦ 4 + 1 =

⑧ 5 + 2 =

⑨ 2 + 3 =

⑩ 4 + 3 =

⑪ 3 + 6 =

⑫ 8 + 1 =

⑬ 3 + 3 =

⑭ 6 + 1 =

⑮ 7 + 2 =

⑯ 4 + 5 =

집중 시간

23 한 자리 수의 덧셈 한 번 더!

❀ 덧셈을 하세요.

① 2 + 6 =

② 4 + 2 =

③ 5 + 4 =

④ 3 + 4 =

⑤ 1 + 4 =

⑥ 4 + 4 =

⑦ 6 + 2 =

👀 앗! 실수

⑧ 2 + 7 =

⑨ 3 + 6 =

⑩ 7 + 2 =

⑪ 3 + 5 =

⑫ 4 + 5 =

✳️ 합이 가장 큰 바다 생물이 가장 힘이 셉니다. 두 수의 합을 ◯ 안에 쓴 다음, 힘이 가장 센
바다 생물에 ◯표 하세요.

두 수를 더해서 합이 가장
큰 바다 생물에 ◯표 하세요.

24 0이 있는 덧셈은 '식은 죽 먹기'

❀ 덧셈을 하세요.

①

$$3 + 0 = \boxed{}$$

어떤 수에 0을 더하면 항상 어떤 수가 돼요.

②

$$0 + 7 = \boxed{}$$

0에 어떤 수를 더해도 항상 어떤 수가 돼요.

⑤

$$2 + 7 = \boxed{}$$

③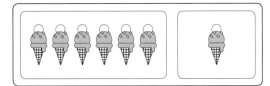

$$6 + 1 = \boxed{}$$

⑥

$$1 + 7 = \boxed{}$$

④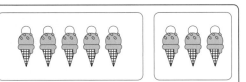

$$5 + 3 = \boxed{}$$

⑦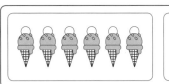

$$6 + 2 = \boxed{}$$

집중 시간
2분

❀ 덧셈을 하세요.

❶ 4 + 3 =

❷ 4 + 2 =

❸ 4 + 1 =

> 0은
> 아무것도 없는 것!

❹ 4 + 0 =

❺ 0 + 4 =

❻ 7 + 2 =

❼ 7 + 1 =

❽ 7 + 0 =

❾ 0 + 5 =

❿ 1 + 5 =

⓫ 2 + 5 =

⓬ 3 + 5 =

⓭ 9 + 0 =

어떤 수에 0을 더하면?   0에 어떤 수를 더하면?

3+0=3   0+6=6
4+0=4   0+7=7

0은 어떤 수와 더해도
답이 항상 어떤 수가 돼.

어떤 수 지킴이

25 두 수를 바꾸어 더하면?

✿ 덧셈을 하세요.

① 1 + 3 =

   3 + 1 =

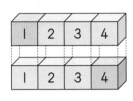

블록을 반대로 붙여도
전체 개수는 변하지 않아요.

② 6 + 3 =

   3 + 6 =

⑦ 7 + 2 =

   2 + 7 =

③ 4 + 2 =

   2 + 4 =

⑧ 5 + 3 =

   3 + 5 =

④ 6 + 0 =

   0 + 6 =

⑨ 6 + 2 =

   2 + 6 =

⑤ 4 + 3 =

   3 + 4 =

⑩ 1 + 8 =

   8 + 1 =

⑥ 5 + 4 =

   4 + 5 =

⑪ 8 + 0 =

   0 + 8 =

❀ 덧셈을 하세요.

①
$$2 + 4 =$$

$$5 + 1 =$$

$$1 + 5 =$$

$$4 + 2 =$$

③
$$2 + 6 =$$

$$3 + 5 =$$

$$4 + 4 =$$

$$5 + 3 =$$

②
$$1 + 6 =$$

$$3 + 4 =$$

$$4 + 3 =$$

$$6 + 1 =$$

④
$$4 + 5 =$$

$$3 + 6 =$$

$$2 + 7 =$$

$$1 + 8 =$$

26 한 자리 수의 덧셈은 중요해

집중 시간
2분

아직도 바로 답이 나오지 않는다면?
꼭 소리내어 연습하세요~

❄ 덧셈을 하세요.

① 1 + 3 =

② 2 + 2 =

③ 3 + 0 =

④ 3 + 3 =

⑤ 2 + 4 =

⑥ 4 + 3 =

⑦ 5 + 2 =

⑧ 6 + 3 =

⑨ 6 + 2 =

⑩ 5 + 4 =

⑪ 7 + 2 =

⑫ 4 + 1 =

⑬ 0 + 8 =

⑭ 2 + 5 =

⑮ 5 + 3 =

⑯ 1 + 7 =

집중 시간
2분

❀ 덧셈을 하세요.

① 3 + 2 =	⑨ 2 + 7 =
② 2 + 3 =	⑩ 4 + 4 =
③ 2 + 6 =	⑪ 0 + 7 =
④ 4 + 3 =	⑫ 1 + 8 =
⑤ 5 + 1 =	⑬ 3 + 6 =
⑥ 4 + 2 =	⑭ 7 + 1 =
⑦ 8 + 0 =	⑮ 7 + 2 =
⑧ 5 + 4 =	⑯ 3 + 5 =

❖ 덧셈을 하세요.

① $4 + 1 =$

② $3 + 3 =$

③ $1 + 7 =$

④ $5 + 2 =$

⑤ $4 + 4 =$

⑥ $4 + 5 =$

⑦ $2 + 5 =$

⑧ $0 + 5 =$

⑨ $3 + 6 =$

⑩ $7 + 2 =$

⑪ $2 + 6 =$

⑫ $4 + 3 =$

⑬ $6 + 1 =$

⑭ $5 + 4 =$

⑮ $5 + 3 =$

⑯ $6 + 3 =$

집중 시간
2분

❀ 덧셈을 하세요.

① $4 + 2 =$

② $3 + 2 =$

③ $6 + 2 =$

④ $4 + 3 =$

⑤ $7 + 2 =$

⑥ $5 + 4 =$

⑦ $8 + 0 =$

⑧ $1 + 7 =$

⚠ 앗! 실수

⑨ $2 + 7 =$

⑩ $5 + 2 =$

⑪ $3 + 5 =$

⑫ $6 + 3 =$

⑬ $0 + 9 =$

⑭ $4 + 5 =$

자주 틀리는 수의 덧셈이에요.
정확하고 빠르게 푸는
훈련이 필요해요.
집중해서 풀어요!

28 뺄셈식 쓰고 읽기

✂ 그림을 보고 뺄셈식을 쓰고, 읽어 보세요.

1

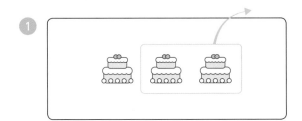

쓰기 ▶ 3−2= ☐

읽기 ▶ 3 빼기 2는 ☐ 과 같습니다.

4

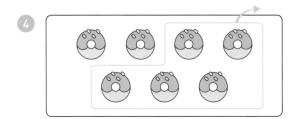

7− ☐ = ☐

7과 ☐ 의 차는 ☐ 입니다.

2

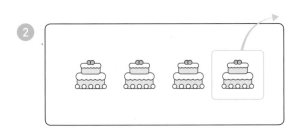

4−1= ☐

4 빼기 1은 ☐ 과 같습니다.

5

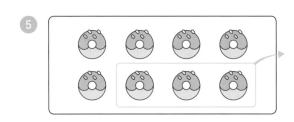

☐ − ☐ = ☐

☐ 과 ☐ 의 차는 ☐ 입니다.

3

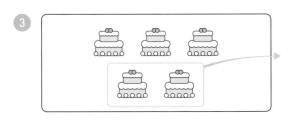

5− ☐ = ☐

5 빼기 ☐ 는 ☐ 과 같습니다.

6

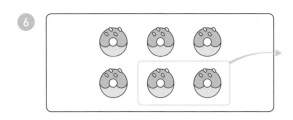

☐ − ☐ = ☐

☐ 과 ☐ 의 차는 ☐ 입니다.

✂️ 보기 와 같이 뺄셈식을 쓰고, 읽어 보세요.

보기
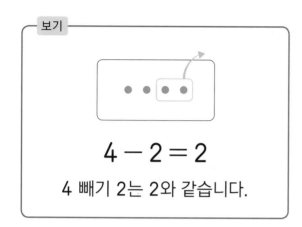

$$4 - 2 = 2$$

4 빼기 2는 2와 같습니다.

③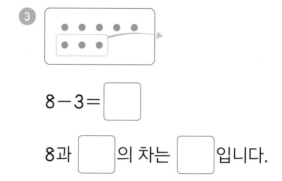

$$8 - 3 = \boxed{}$$

8과 $\boxed{}$ 의 차는 $\boxed{}$ 입니다.

①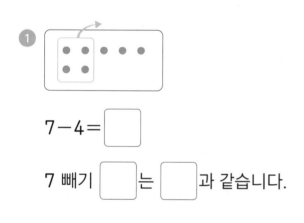

$$7 - 4 = \boxed{}$$

7 빼기 $\boxed{}$ 는 $\boxed{}$ 과 같습니다.

④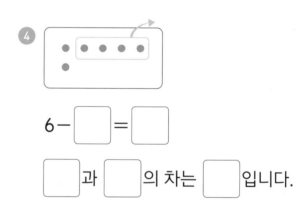

$$6 - \boxed{} = \boxed{}$$

$\boxed{}$ 과 $\boxed{}$ 의 차는 $\boxed{}$ 입니다.

②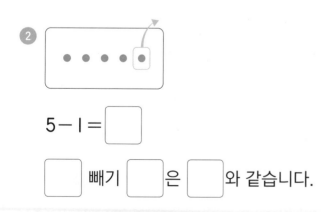

$$5 - 1 = \boxed{}$$

$\boxed{}$ 빼기 $\boxed{}$ 은 $\boxed{}$ 와 같습니다.

⑤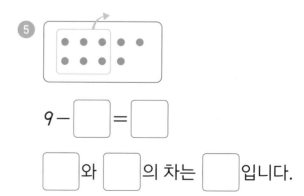

$$9 - \boxed{} = \boxed{}$$

$\boxed{}$ 와 $\boxed{}$ 의 차는 $\boxed{}$ 입니다.

✼ 그림을 보고 뺄셈식을 쓰세요.

①
사과 2개 중
I개를 먹었어요.

$$2 - 1 = \boxed{}$$

②

$$3 - 2 = \boxed{}$$

③

$$5 - 2 = \boxed{}$$

④

$$8 - 4 = \boxed{}$$

⑤

$$6 - 3 = \boxed{}$$

⑥

$$7 - 1 = \boxed{}$$

⑦

$$4 - \boxed{} = \boxed{}$$

⑧

$$9 - \boxed{} = \boxed{}$$

집중 시간
1분

그림을 보고 뺄셈을 하세요.

도넛 수를 세지 않고 푼 다음
도넛 수를 세어 확인해 봐요.

①	$3 - 1 =$	2
②	$4 - 2 =$	
③	$6 - 3 =$	
④	$5 - 4 =$	
⑤	$7 - 3 =$	
⑥	$6 - 4 =$	
⑦	$5 - 1 =$	
⑧	$7 - 2 =$	

✂️ 뺄셈을 하세요.

① $3 - 2 =$ ⑦ $8 - 3 =$

② $4 - 1 =$ ⑧ $8 - 4 =$

③ $5 - 2 =$ ⑨ $8 - 7 =$

⑩ $8 - 5 =$

⑪ $9 - 3 =$

④ $6 - 2 =$ ⑫ $9 - 4 =$

⑤ $8 - 2 =$ ⑬ $9 - 6 =$

⑥ $7 - 4 =$ ⑭ $9 - 7 =$

집중 시간 2분

뺄셈을 하세요.

① 4 − 3 =

② 6 − 4 =

③ 8 − 6 =

④ 6 − 3 =

⑤ 9 − 6 =

⑥ 5 − 3 =

⑦ 5 − 1 =

⑧ 6 − 2 =

⑨ 8 − 2 =

⑩ 8 − 1 =

⑪ 7 − 3 =

⑫ 4 − 2 =

⑬ 9 − 5 =

⑭ 9 − 8 =

⑮ 7 − 6 =

⑯ 9 − 2 =

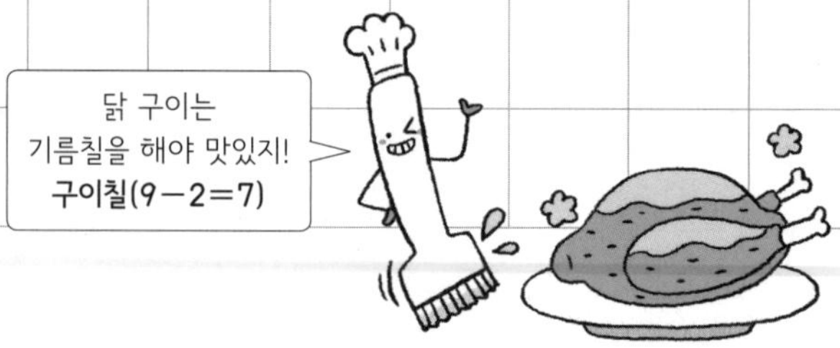
닭 구이는
기름칠을 해야 맛있지!
구이칠(9−2=7)

한 자리 수의 뺄셈 한 번 더!

❋ 뺄셈을 하세요.

앗! 실수

① 4 − 1 =

② 5 − 4 =

③ 5 − 2 =

④ 6 − 2 =

⑤ 6 − 3 =

⑥ 6 − 5 =

⑦ 7 − 3 =

⑧ 7 − 6 =

⑨ 7 − 4 =

⑩ 8 − 5 =

⑪ 8 − 2 =

파리(82) 6마리를
잡았어.
팔이육(8−2=6)

⑫ 7 − 3 =

⑬ 9 − 7 =

⑭ 9 − 5 =

✂ 차가 가장 작은 것이 아픈 바다 생물이에요. 두 수의 차를 ○ 안에 쓴 다음, 아픈 바다 생물에 ◯표 하세요.

✂ 뺄셈을 하세요.

①

$$6 - 2 = \boxed{}$$

②

$$6 - 1 = \boxed{}$$

③

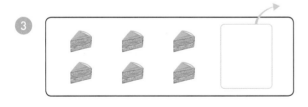

$$6 - 0 = \boxed{}$$

④

$$7 - 0 = \boxed{}$$

⑤

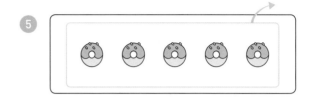

$$5 - 5 = \boxed{}$$

⑥

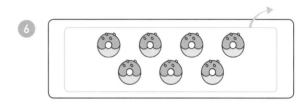

$$7 - 7 = \boxed{}$$

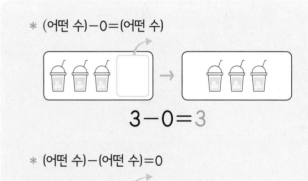

＊ (어떤 수) − 0 = (어떤 수)

$$3 - 0 = 3$$

＊ (어떤 수) − (어떤 수) = 0

$$3 - 3 = 0$$

난 아무것도 '없음'을 뜻해요.

✂ 뺄셈을 하세요.

① 3 − 3 =

② 2 − 0 =

③ 1 − 1 =

④ 1 − 0 =

⑤ 4 − 4 =

⑥ 6 − 6 =

⑦ 3 − 0 =

⑧ 5 − 0 =

⑨ 7 − 7 =

⑩ 9 − 9 =

⑪ 8 − 8 =

⑫ 9 − 0 =

이(2)   빼기 이(2)는   0!

33 두 수의 차가 어떻게 달라질까?

✂ 뺄셈을 하세요.

①
$$3 - 3 =$$
$$4 - 3 =$$
$$5 - 3 =$$

④
$$5 - 3 =$$
$$4 - 3 =$$
$$3 - 3 =$$

⑦
$$4 - 2 =$$
$$5 - 3 =$$
$$6 - 4 =$$

I씩 커지는 수에서 같은 수를 빼면?

차도 I씩 커져!

②
$$2 - 1 =$$
$$3 - 1 =$$
$$4 - 1 =$$

⑤
$$7 - 2 =$$
$$6 - 2 =$$
$$5 - 2 =$$

⑧
$$7 - 3 =$$
$$6 - 2 =$$
$$5 - 1 =$$

I씩 작아지는 수에서 같은 수를 빼면?

차도 I씩 작아져!

③
$$5 - 4 =$$
$$6 - 4 =$$
$$7 - 4 =$$

⑥
$$9 - 5 =$$
$$8 - 5 =$$
$$7 - 5 =$$

⑨
$$8 - 1 =$$
$$7 - 2 =$$
$$6 - 3 =$$

✂ 뺄셈을 하세요.

1

$5 - 1 =$

$5 - 2 =$

$5 - 3 =$

$5 - 4 =$

3

$9 - 2 =$

$8 - 3 =$

$7 - 4 =$

$6 - 5 =$

2

$8 - 4 =$

$7 - 4 =$

$6 - 4 =$

$5 - 4 =$

4

$5 - 1 =$

$6 - 2 =$

$7 - 3 =$

$8 - 4 =$

34 한 자리 수의 뺄셈은 중요해

✂ 뺄셈을 하세요.

① $3 - 2 =$ ⑨ $8 - 3 =$

② $4 - 1 =$ ⑩ $7 - 7 =$

③ $5 - 3 =$ ⑪ $9 - 3 =$

④ $4 - 2 =$ ⑫ $7 - 2 =$

⑤ $6 - 3 =$ ⑬ $9 - 7 =$

⑥ $7 - 1 =$ ⑭ $9 - 2 =$

⑦ $5 - 0 =$ ⑮ $8 - 6 =$

⑧ $8 - 2 =$ ⑯ $6 - 2 =$

✂️ 뺄셈을 하세요.

①	4 − 0 =		⑨	8 − 8 =
②	5 − 1 =		⑩	8 − 2 =
③	7 − 6 =		⑪	9 − 7 =
④	7 − 4 =		⑫	6 − 3 =
⑤	6 − 6 =		⑬	9 − 0 =
⑥	8 − 4 =		⑭	7 − 3 =
⑦	5 − 5 =		⑮	9 − 1 =
⑧	6 − 2 =		⑯	8 − 7 =

답이 바로 나오지 않은 뺄셈은
☆ 표시한 다음 큰 소리로 외우세요!

🔖 뺄셈을 하세요.

① $5 - 4 =$

② $6 - 2 =$

③ $6 - 1 =$

④ $8 - 5 =$

⑤ $5 - 3 =$

⑥ $7 - 0 =$

⑦ $9 - 8 =$

⑧ $9 - 2 =$

⑨ $6 - 0 =$

⑩ $4 - 4 =$

⑪ $7 - 2 =$

⑫ $6 - 3 =$

⑬ $8 - 6 =$

⑭ $9 - 4 =$

⑮ $8 - 4 =$

⑯ $9 - 5 =$

✂ 뺄셈을 하세요.

① 3 − 1 =

② 4 − 3 =

③ 6 − 4 =

④ 9 − 5 =

⑤ 8 − 8 =

⑥ 5 − 0 =

⑦ 7 − 5 =

⑧ 5 − 1 =

⑨ 8 − 2 =

⑩ 4 − 0 =

⑪ 9 − 2 =

⑫ 9 − 6 =

⑬ 7 − 7 =

⑭ 8 − 3 =

⑮ 6 − 5 =

⑯ 9 − 3 =

36 덧셈식에서 □ 안의 수 구하기

집중 시간 2분

□ 안에 알맞은 수를 써넣으세요.

1 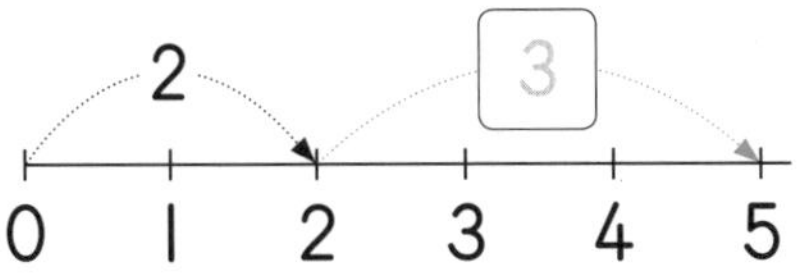

$2 + \boxed{3} = 5$

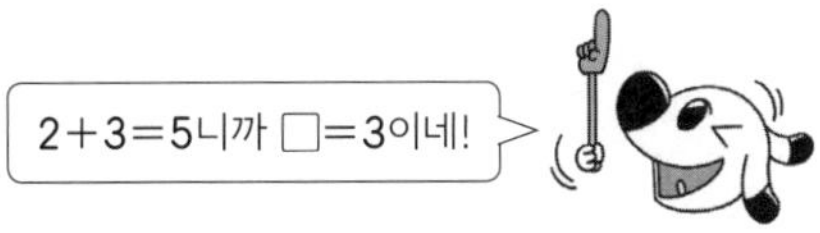

2 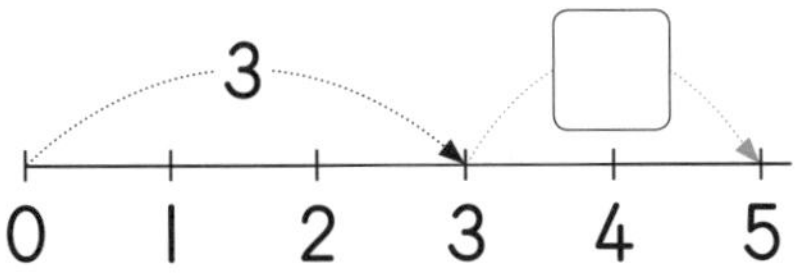

$3 + \square = 5$

3 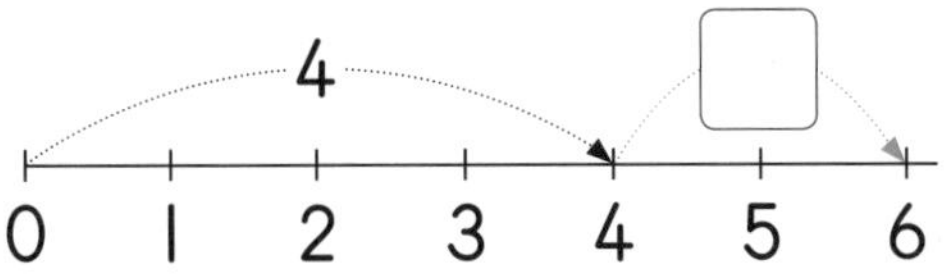

$4 + \square = 6$

4 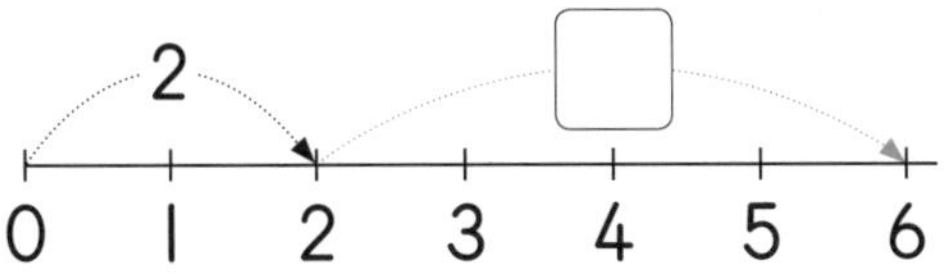

$2 + \square = 6$

5 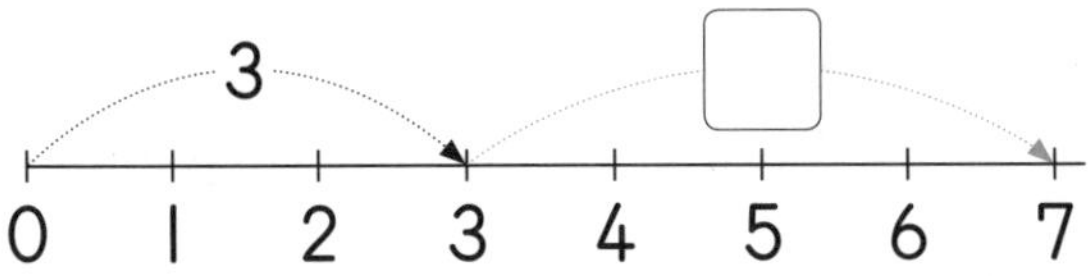

$3 + \square = 7$

6 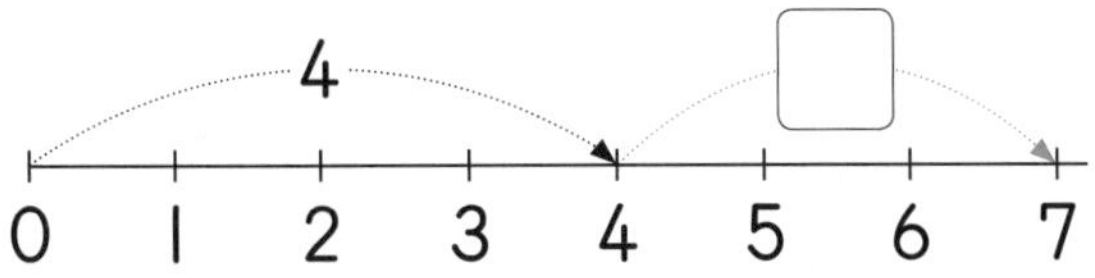

$4 + \square = 7$

집중 시간 3분

□ 안에 알맞은 수를 써넣으세요.

① $3 + \boxed{} = 7$

3에서 몇만큼 커져야 7이 되는지 세어 봐요.

② $4 + \boxed{} = 9$

③ $2 + \boxed{} = 7$

④ $5 + \boxed{} = 8$

⑤ $6 + \boxed{} = 7$

⑥ $6 + \boxed{} = 9$

⑦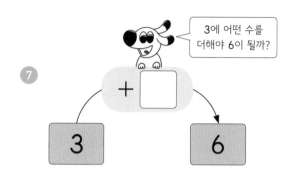

3에 어떤 수를 더해야 6이 될까?

$+ \boxed{}$ 3 → 6

⑧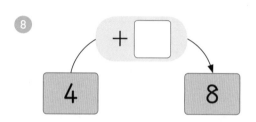

$+ \boxed{}$ 4 → 8

⑨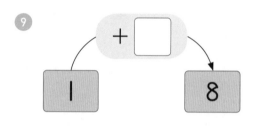

$+ \boxed{}$ 1 → 8

⑩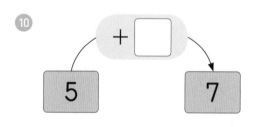

$+ \boxed{}$ 5 → 7

⑪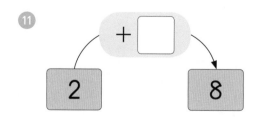

$+ \boxed{}$ 2 → 8

37 뺄셈식에서 □ 안의 수 구하기

✂ □ 안에 알맞은 수를 써넣으세요.

①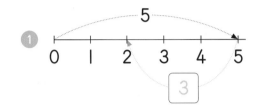

$$5 - \boxed{3} = 2$$

수직선을 보고 □ 안의 수를 생각해 봐요.
5−3=2이므로 □ 안의 수는 3이에요.

②

$$5 - \boxed{} = 3$$

③

$$6 - \boxed{} = 4$$

④

$$6 - \boxed{} = 2$$

⑤

$$7 - \boxed{} = 3$$

⑥

$$7 - \boxed{} = 4$$

✂ ☐ 안에 알맞은 수를 써넣으세요.

① 3 − ☐ = 1

● ● ●
3개에서 몇 개를 지워야
1개가 남을까?

② 4 − ☐ = 2

③ 5 − ☐ = 1

④ 6 − ☐ = 3

⑤ 5 − ☐ = 4

⑥ 7 − ☐ = 2

⑦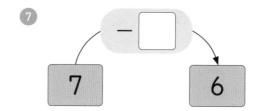

⑧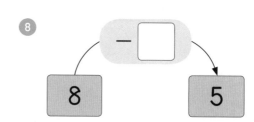

⑨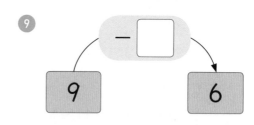

⑩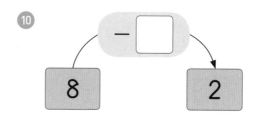

⑪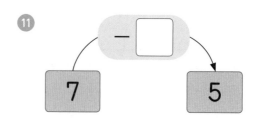

38 □ 안의 수 구하기는 중요해

❀ □ 안에 알맞은 수를 써넣으세요.

① 1 + □ = 5

② 2 + □ = 8

③ 3 + □ = 6

④ 4 + □ = 7

⑤ 5 + □ = 9

⑥ 7 + □ = 9

⑦ 3 + □ = 7

⑧ 4 + □ = 8

⑨ 3 + □ = 4

⑩ 5 + □ = 7

⑪ 2 + □ = 9

⑫ 6 + □ = 8

⑬ 1 + □ = 6

⑭ 2 + □ = 5

⑮ 3 + □ = 8

⑯ 6 + □ = 9

✂ □ 안에 알맞은 수를 써넣으세요.

1. $6 - \boxed{} = 4$

2. $5 - \boxed{} = 1$

3. $7 - \boxed{} = 4$

4. $4 - \boxed{} = 3$

5. $8 - \boxed{} = 4$

6. $3 - \boxed{} = 3$

7. $9 - \boxed{} = 4$

8. $8 - \boxed{} = 1$

9. $3 - \boxed{} = 0$

10. $5 - \boxed{} = 2$

11. $8 - \boxed{} = 3$

12. $5 - \boxed{} = 5$

13. $7 - \boxed{} = 2$

14. $6 - \boxed{} = 1$

15. $9 - \boxed{} = 7$

16. $9 - \boxed{} = 2$

39 □ 안의 수 구하기 집중 연습

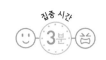

집중 시간 3분

□ 안에 알맞은 수를 써넣으세요.

1. $5 + \square = 8$
2. $2 + \square = 4$
3. $4 + \square = 9$
4. $3 + \square = 7$
5. $3 + \square = 9$
6. $6 + \square = 6$
7. $4 + \square = 8$
8. $7 + \square = 9$
9. $6 - \square = 3$
10. $7 - \square = 3$
11. $8 - \square = 5$
12. $5 - \square = 4$
13. $6 - \square = 6$
14. $9 - \square = 5$
15. $9 - \square = 1$
16. $8 - \square = 2$

집중 시간 **3분**

헷갈리기 쉬운 계산이에요. 집중!!

✂️ □ 안에 알맞은 수를 써넣으세요.

① $1 + \boxed{} = 7$

② $3 + \boxed{} = 8$

③ $7 + \boxed{} = 8$

④ $5 + \boxed{} = 9$

⑤ $7 - \boxed{} = 1$

⑥ $8 - \boxed{} = 4$

⑦ $6 - \boxed{} = 2$

⑧ $9 - \boxed{} = 6$

⑨ $2 + \boxed{} = 9$

⑩ $3 + \boxed{} = 9$

⑪ $3 + \boxed{} = 7$

⑫ $9 - \boxed{} = 2$

⑬ $7 - \boxed{} = 5$

⑭ $8 - \boxed{} = 0$

식 사이의 나를 잘 찾아 냈다면 덧셈, 뺄셈 이해 끝!

40 생활 속 연산 – 덧셈과 뺄셈

집중 시간
2분

✂ 그림을 보고 □ 안에 알맞은 수를 써넣으세요.

①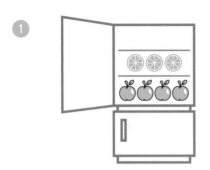

냉장고에 들어 있는 오렌지와 사과는 모두

7 개입니다.

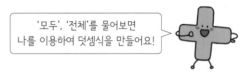

'모두', '전체'를 물어보면
나를 이용하여 덧셈식을 만들어요!

②

필통 속에 들어 있는 색연필과 연필은 모두

□ 자루입니다.

③

피자 6조각 중 2조각을 먹으면

남은 피자는 □ 조각입니다.

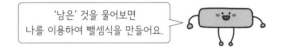

'남은' 것을 물어보면
나를 이용하여 뺄셈식을 만들어요.

④

8명이 탈 수 있는 회전차에 3명이 타고 있으면

남은 칸에는 □ 명이 더 탈 수 있습니다.

집중 시간 5분

계산을 한 다음, 아래 그림에 알맞은 색을 칠해 보세요.

① 9 − 9 =

④ 8 − 4 =

⑦ 7 − 2 =

② 7 − 3 =

⑤ 5 − 0 =

⑧ 3 + 4 =

③ 2 − 2 =

⑥ 2 + 5 =

⑨ 6 − 6 =

계산 결과에 알맞은 색을 칠해 보세요.

0 : 파란색	4 : 빨간색	5 : 노란색	7 : 주황색

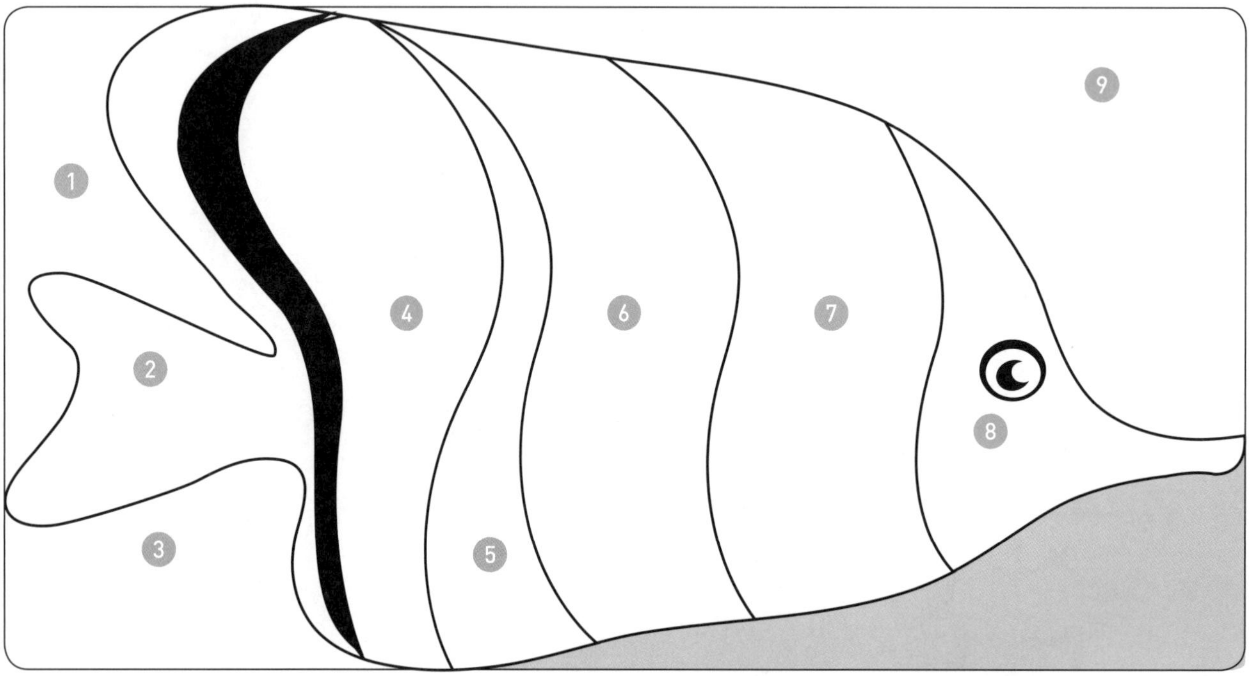

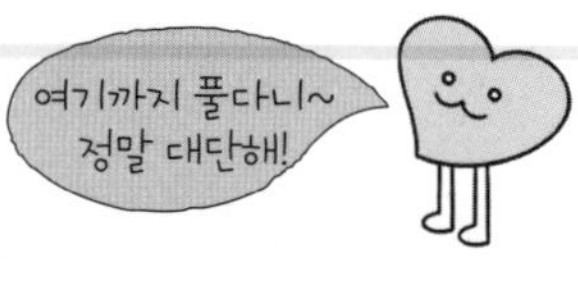

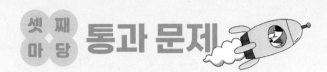

＊틀린 문제는 꼭 다시 확인하고 넘어가요!

✂ □ 안에 알맞은 수를 써넣으세요.

① ★ ★ ★ ★

$3+1=$ □

3 더하기 1은 □ 와 같습니다.

3과 1의 합은 □ 입니다.

②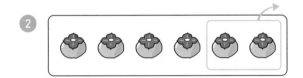

$6-2=$ □

6 빼기 2는 □ 와 같습니다.

6과 2의 차는 □ 입니다.

③ $6+2=$ □

④ $3+6=$ □

⑤ $0+2=$ □

⑥ $8-5=$ □

⑦ $9-3=$ □

⑧ $4-0=$ □

⑨ $2+$ □ $=9$

⑩ $3+$ □ $=8$

⑪ $9-$ □ $=4$

⑫ $8-$ □ $=6$

⑬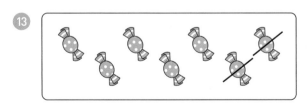

사탕 7개 중 2개를 먹으면 남은 사

탕은 □ 개입니다.

오늘 공부한
단계를 색칠해
보세요!

41

42

43

44

45

46

47

넷째 마당

50까지의 수

교과서 5. 50까지의 수

48

52

51

50

49

☆ **9보다 1만큼 더 큰 수 10**

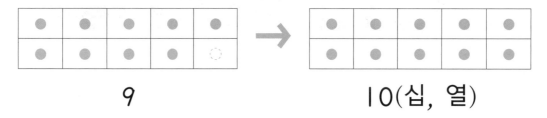

9 → 10(십, 열)

☆ **10을 가르기와 10이 되는 모으기**

10	1	2	3	4	5	6	7	8	9	10
	9	8	7	6	5	4	3	2	1	

☆ **11부터 19까지의 수 읽기**

11	12	13	14	15	16	17	18	19
십일	십이	십삼	십사	십오	십육	십칠	십팔	십구
열하나	열둘	열셋	열넷	열다섯	열여섯	열일곱	열여덟	열아홉

 잠깐! 퀴즈 17을 바르게 읽은 것은 어느 것일까요?

① 열여덟　　　② 십칠

41 두 수를 모아 10 만들기

✂️ 그림을 보고 ☐ 안에 알맞은 수를 써넣으세요.

① 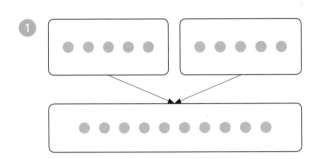 →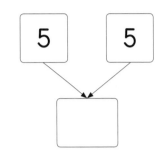

② 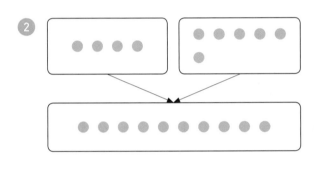 →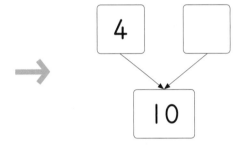

③ 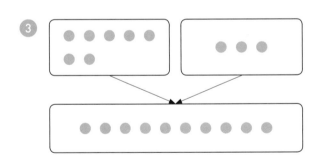 →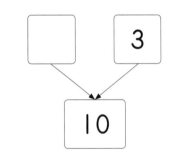

④ 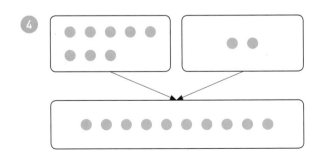 →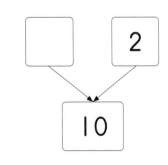

✂ □ 안에 알맞은 수를 써넣으세요.

① 4 6 → □

⑤ 7 3 → □

⑨ 5 5 → □

② 1 9 → □

⑥ □ 2 → 10

⑩ □ 6 → 10

③ 5 □ → 10

⑦ 9 □ → 10

⑪ 8 □ → 10

④ □ 4 → 10

⑧ 2 8 → □

⑫ □ 7 → 10

42 10을 두 수로 가르기

※ 그림을 보고 □ 안에 알맞은 수를 써넣으세요.

❶
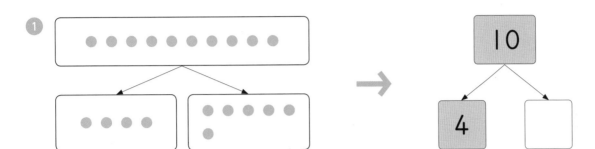

❷
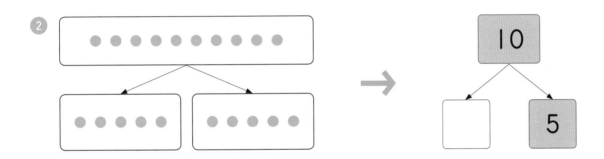

❸
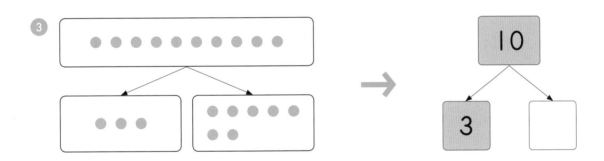

❹
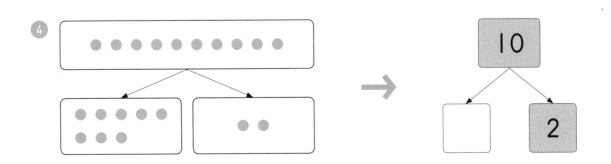

✂ □ 안에 알맞은 수를 써넣으세요.

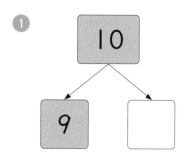

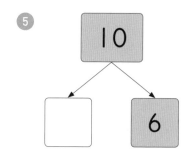

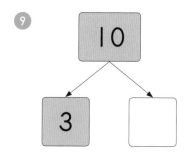

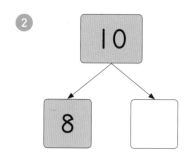

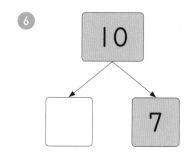

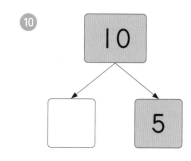

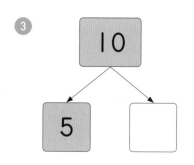

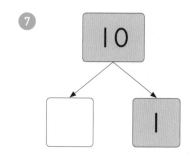

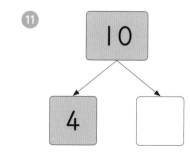

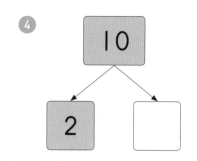

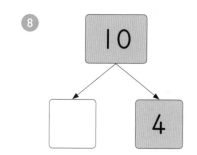

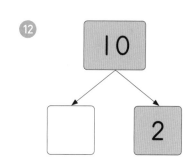

43 11부터 19까지의 수 쓰고 읽기

✂ 수를 세어 쓰고, 두 가지 방법으로 읽어 보세요.

		쓰기	읽기 ①	읽기 ②

① 쓰기 **11** / 읽기 ① 십일 / 읽기 ② 열하나

② 읽기 ② 열둘

③ 읽기 ① 십삼

④ 읽기 ① 십오

⑤ 읽기 ② 열일곱

⑥ 읽기 ② 열여섯

※ 순서에 맞게 빈칸에 알맞은 수나 말을 써넣으세요.

① 11 12 □ □ 15 □ □ □ 19

② 십일 십이 십삼 □ 십오 □ 십칠 □ 십구

③ □ 열둘 □ 열넷 열다섯 □ □

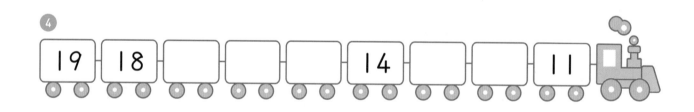

④ 19 18 □ □ □ 14 □ □ 11

⑤ 십구 십팔 □ 십육 □ 십사 □ □ 십일

44 11부터 19까지의 수를 순서대로!

집중 시간
2분

✖ 순서에 맞게 ☐ 안에 알맞은 수를 써넣으세요.

①
12 · 13 · 14 · 15

⑥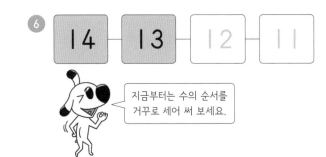
14 · 13 · 12 · 11

지금부터는 수의 순서를
거꾸로 세어 써 보세요.

②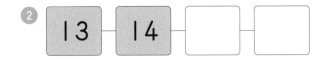
13 · 14 · ☐ · ☐

⑦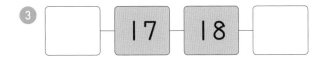
17 · ☐ · 15 · ☐

③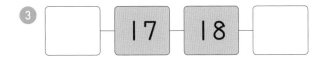
☐ · 17 · 18 · ☐

⑧
☐ · ☐ · 17 · 16

④
☐ · ☐ · 13 · 14

⑨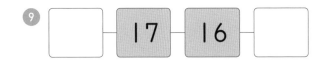
☐ · 17 · 16 · ☐

⑤
15 · ☐ · 17 · ☐

⑩
15 · ☐ · ☐ · 12

✂ ☐ 안에 알맞은 수를 써넣으세요.

1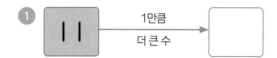

2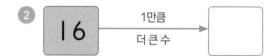

3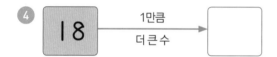

4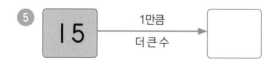

5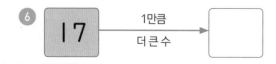

6

7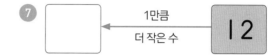

8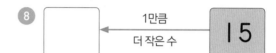

9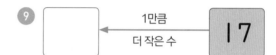

10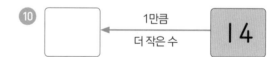

11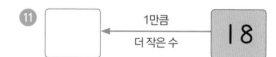

12

19까지의 수 모으기

✂ 빈칸에 알맞은 수만큼 ●를 그리고, ☐ 안에 알맞은 수를 써넣으세요.

1 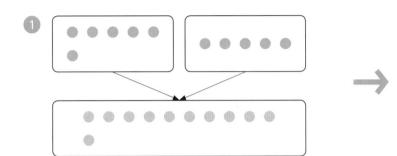 →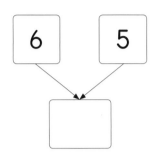

2 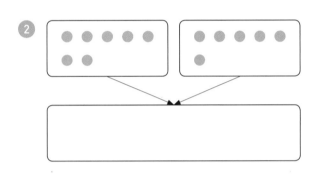 →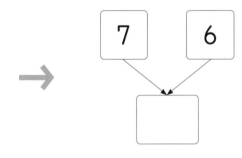

3 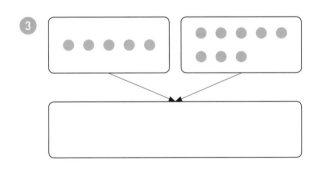 →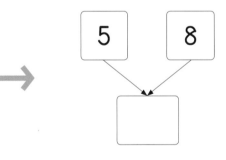

4 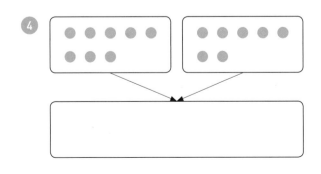 →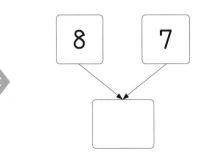

집중 시간
2분

빈칸에 알맞은 수만큼 ●를 그리고, □ 안에 알맞은 수를 써넣으세요.

1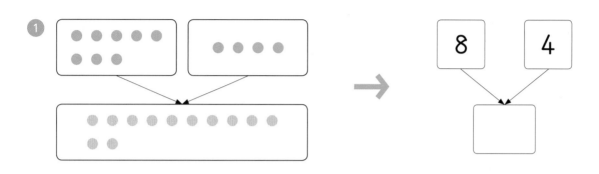

8   4

2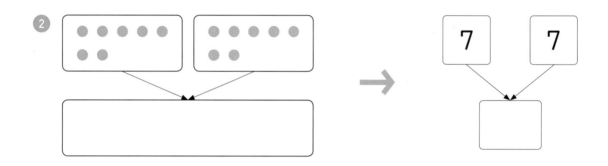

7   7

3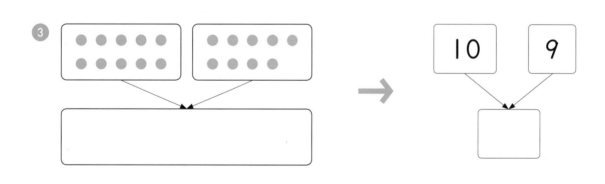

10   9

4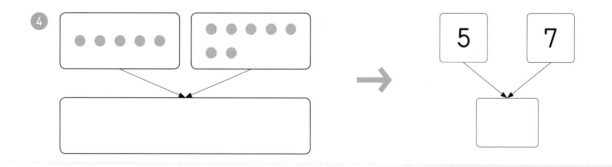

5   7

46 19까지의 수 모으기 한 번 더!

✂ ☐ 안에 알맞은 수를 써넣으세요.

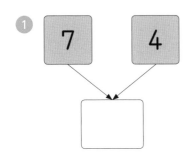

8, 9, 10 …
7 다음 수부터 이어 세어 봐!

| 1 | 2 | 3 | 4 | 5 | 6 | 7 | 8 | 9 | 10 | 11 | 12 |

1 2 3 4

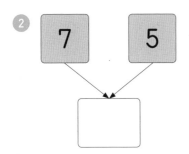

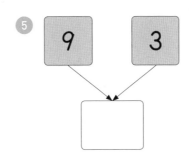

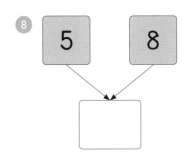

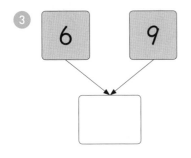

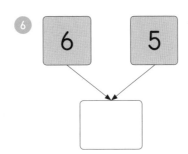

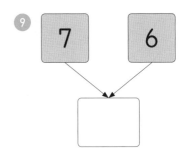

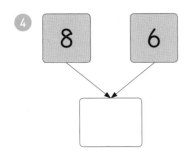

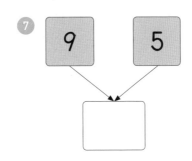

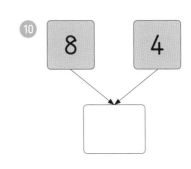

50까지의 수 | 113

✂ ◯ 안에 알맞은 수를 써넣으세요.

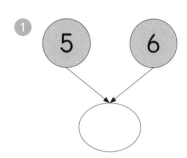

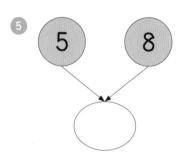

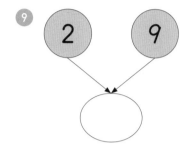

① **앗! 실수**

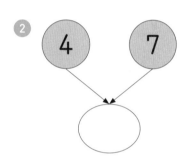

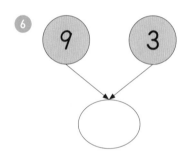

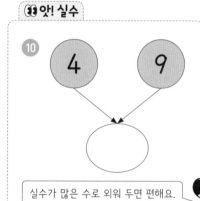

실수가 많은 수로 외워 두면 편해요.
집중해서 한 번 더 풀어봐요.

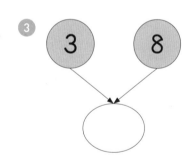

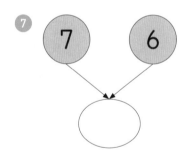

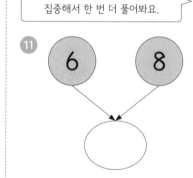

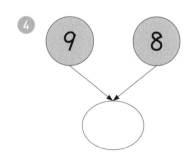

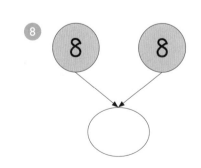

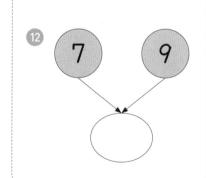

47 19까지의 수 가르기

✂ 빈칸에 알맞은 수만큼 ●를 그리고, ☐ 안에 알맞은 수를 써넣으세요.

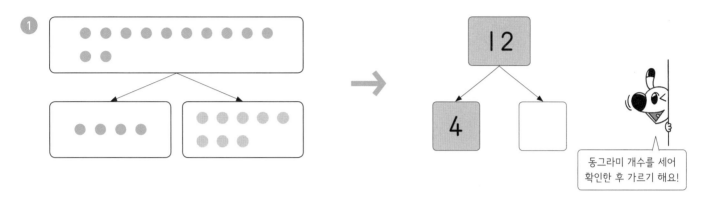

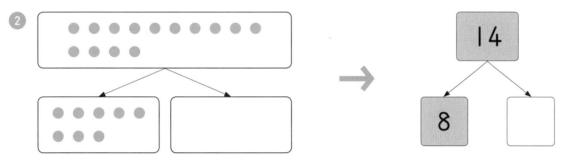

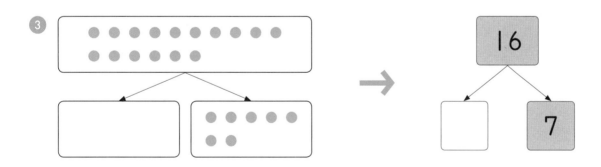

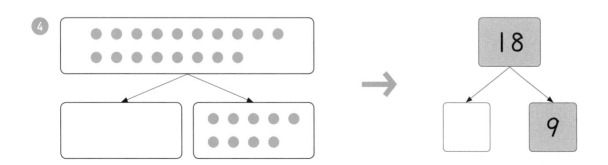

빈칸에 알맞은 수만큼 ●를 그리고, ☐ 안에 알맞은 수를 써넣으세요.

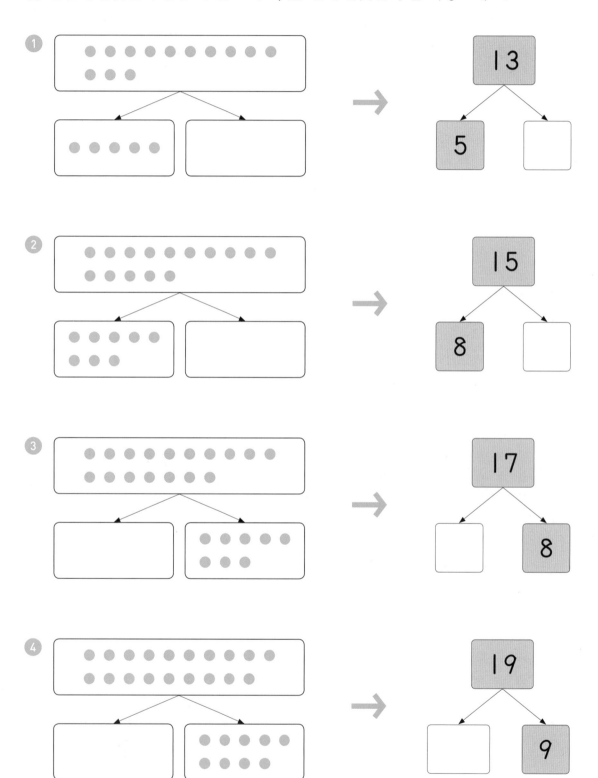

48 19까지의 수 가르기 한 번 더!

✂ □ 안에 알맞은 수를 써넣으세요.

①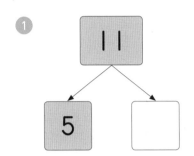

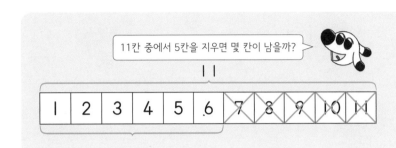

11칸 중에서 5칸을 지우면 몇 칸이 남을까?

11

| 1 | 2 | 3 | 4 | 5 | 6 | 7 | 8 | 9 | 10 | 11 |

②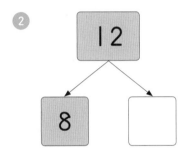

⑤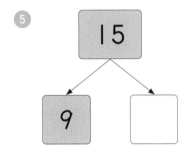

⑧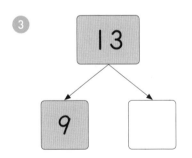

③

⑥

⑨

④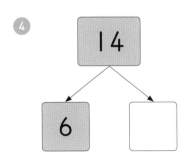

⑦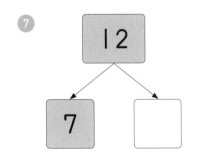

⑩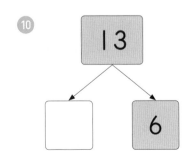

✂ ◯ 안에 알맞은 수를 써넣으세요.

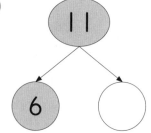

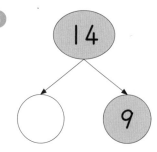

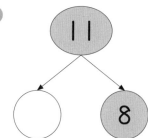

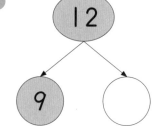

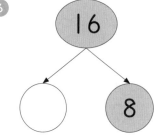

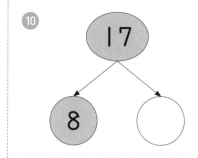

🙈앗! 실수

실수하기 쉬운 수예요.
실수하지 않게 집중해서 풀어 봐요!

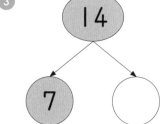

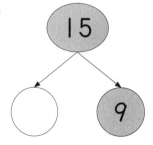

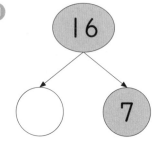

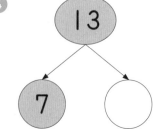

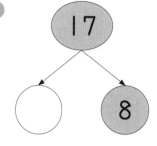

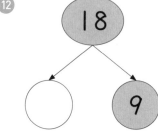

49 10, 20, 30, 40, 50 쓰고 읽기

✂ □ 안에 알맞은 수를 써넣으세요.

① 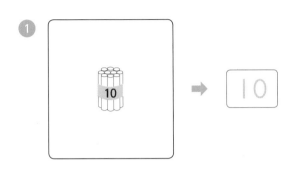 ➡ 10

⑤ 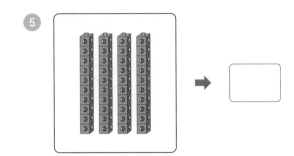 ➡ □

② 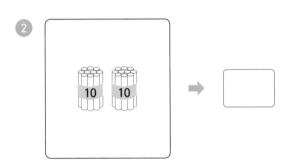 ➡ □

⑥ 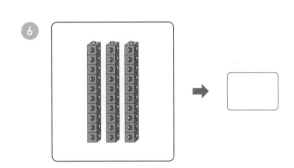 ➡ □

③ 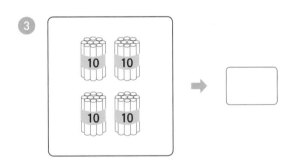 ➡ □

⑦ 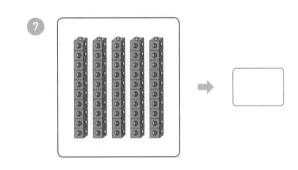 ➡ □

④ 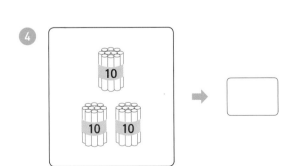 ➡ □

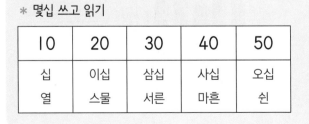
몇십을 읽는 방법은 뒷장에서 훈련해 봐요.

* 몇십 쓰고 읽기

10	20	30	40	50
십	이십	삼십	사십	오십
열	스물	서른	마흔	쉰

✖ 수를 세어 쓰고, 두 가지 방법으로 읽어 보세요.

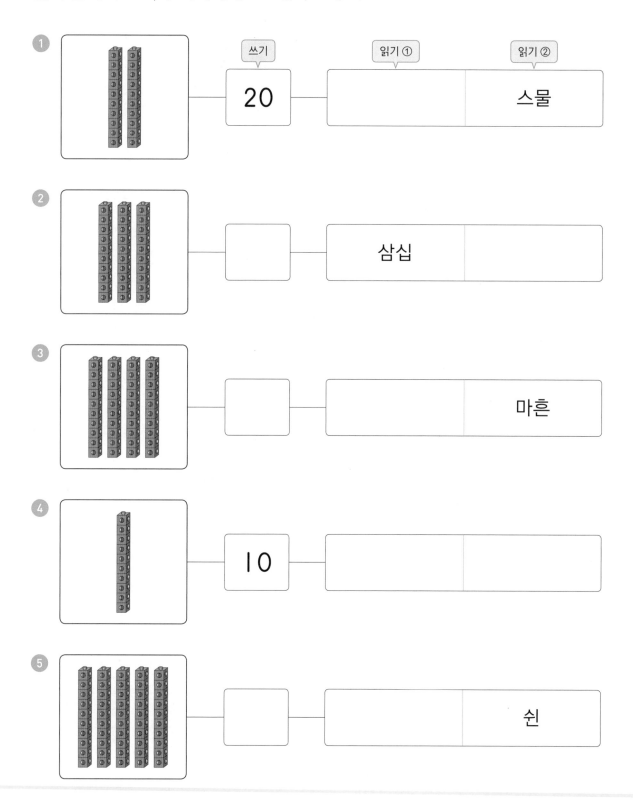

① 쓰기 **20** 읽기① 읽기② 스물

② 쓰기 읽기① 삼십 읽기②

③ 쓰기 읽기① 읽기② 마흔

④ 쓰기 **10** 읽기① 읽기②

⑤ 쓰기 읽기① 읽기② 쉰

50까지의 수, 쓰고 읽을 수 있나요?

✂ 수를 세어 쓰고, 두 가지 방법으로 읽어 보세요.

> 10개씩 묶음의 수를 먼저 읽은 다음 낱개의 수를 읽어요.

십의 자리	일의 자리	
3	0	삼십(서른)
	1	일(하나)

31 ➡ ➡ 삼십일(서른하나)

① 쓰기 **31** 읽기① 삼십일 읽기② 서른하나

② 이십사

③ 사십이

④ 스물여섯

※ 수를 세어 쓰고, 두 가지 방법으로 읽어 보세요.

①

13
십삼
열셋

⑤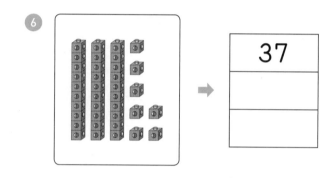

삼십이

②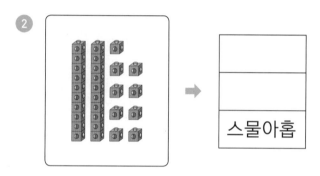

스물아홉

⑥

37

③

이십팔

⑦

마흔하나

④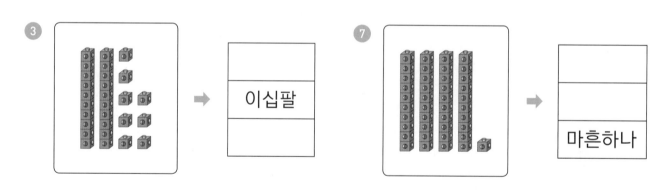

서른여섯

⑧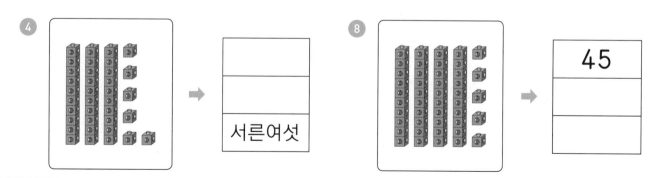

45

10개씩 묶음과 낱개의 수를 더하면?

✂ 빈칸에 알맞은 수를 써넣으세요.

①
10개씩 묶음	낱개
2	3

➡ 23

10개씩 묶음	낱개
2	3

↔ ↔ 23

②
10개씩 묶음	낱개
2	6

➡

⑥ 31 ➡
10개씩 묶음	낱개

③
10개씩 묶음	낱개
3	4

➡

⑦ 40 ➡
10개씩 묶음	낱개

④
10개씩 묶음	낱개
4	9

➡

⑧ 47 ➡
10개씩 묶음	낱개

⑤
10개씩 묶음	낱개
4	2

➡

⑨ 38 ➡
10개씩 묶음	낱개

집중 시간
4분

✂ 수를 두 가지 방법으로 읽어 보세요.

①

수	20	30	40	50
읽기	이십			
		서른		

②

수	35	36	37	38
읽기	삼십오			
		서른여섯		

③

수	41	42	43	44
읽기		사십이		
	마흔하나			마흔넷

52 생활 속 연산 − 50까지의 수

✂️ 그림을 보고 보기 에서 알맞은 수나 말을 찾아 써넣으세요.

| 보기 | 3 | 10 | 17 | 30 | 열 | 십이 | 십칠 | 이십오 |

①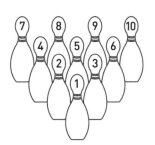

볼링핀은 ⟨ 수 **10** / 말 **열** ⟩ 개입니다.

②

지후는 ⟨ 수 ☐ / 말 ☐ ⟩ 번 버스를 타고 학교에 갑니다.

③

달걀이 10개씩 ☐ 묶음 있으므로

달걀은 모두 ☐ 개입니다.

④

크리스마스는 12월 25일로

☐ 월 ☐ 일이라고 읽습니다.

✂ 준호는 금붕어 17마리를 사와 어항 2개에 나누어 담았습니다. 금붕어를 모두 나누어 담은 두 어항을 바르게 연결해 보세요.

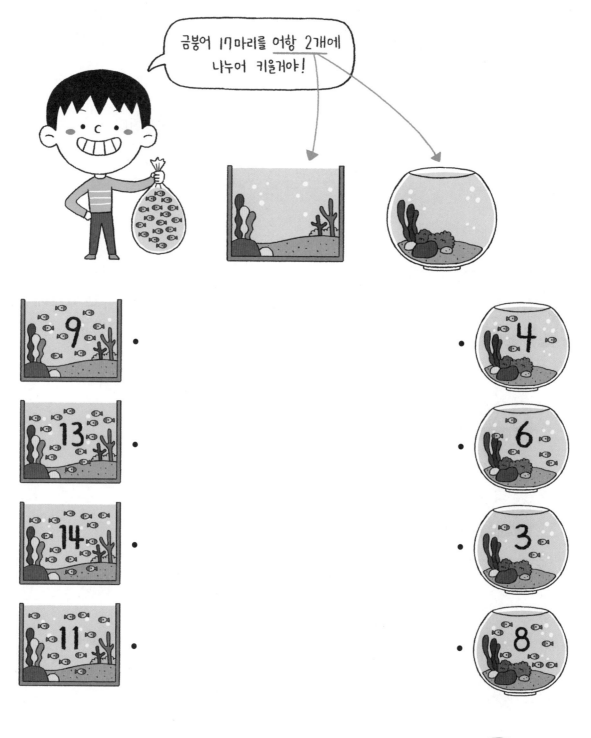

✂ ☐ 안에 알맞은 수를 써넣으세요.

1 ┃2 ──1만큼 더 큰 수──▶ ☐

2 ☐ ◀──1만큼 더 작은 수── ┃7

3

4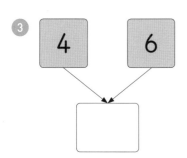

5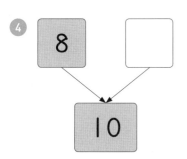

6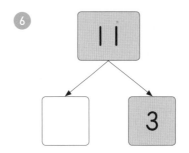

7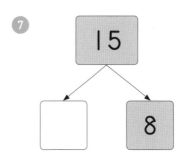

8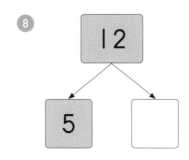

9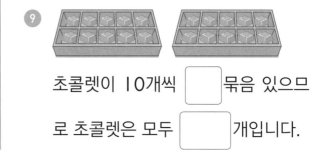

초콜렛이 ┃0개씩 ☐ 묶음 있으므

로 초콜렛은 모두 ☐ 개입니다.

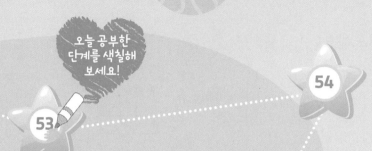

오늘 공부한
단계를 색칠해
보세요!

54

53

55

56

50까지의 수의 순서와 크기 비교

교과서 5. 50까지의 수

57

58

59

☆ 50까지의 수의 순서

순서대로 쓰면 1씩 커지고 거꾸로 쓰면 1씩 작아져요!

오른쪽으로 갈수록 1씩 커져요. →

1	2	3	4	5	6	7	8	9	10
11	12	13	14	15	16	17	18	19	20
21	22	23	24	25	26	27	28	29	30
31	32	33	34	35	36	37	38	39	40
41	42	43	44	45	46	47	48	49	50

← 왼쪽으로 갈수록 1씩 작아져요.

☆ 두 수의 크기 비교하기

더 큰 수

24 < 33

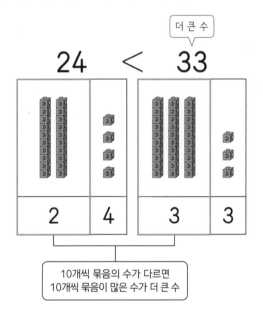

| 2 | 4 | 3 | 3 |

10개씩 묶음의 수가 다르면 10개씩 묶음이 많은 수가 더 큰 수

더 큰 수

21 < 23

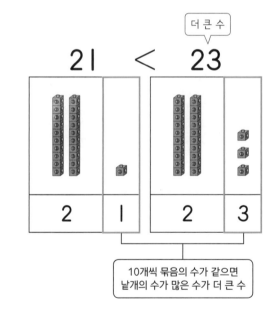

| 2 | 1 | 2 | 3 |

10개씩 묶음의 수가 같으면 낱개의 수가 많은 수가 더 큰 수

잠깐! 퀴즈 번호 순서로 줄을 설 때, 31번과 33번 사이에 있는 번호는 어느 것일까요?

① 32번 　　　　② 34번

53 50까지 순서대로 쓸 수 있나요?

😊 순서에 맞게 빈칸에 알맞은 수를 써넣으세요.

① 1씩 커져요.

1		3		5
6		8	9	10

⑤

		19	20	21
22	23	24		

② 1씩 작아져요.

		13	14	15
16	17			20

⑥

27	28	29		
32			35	36

③

16	17	18		
	22	23		25

⑦

		33		35
		38	39	40

④

23	24			27
28		30	31	

⑧

41			44	45
46	47			

집중 시간 2분

순서에 맞게 □ 안에 알맞은 수를 써넣으세요.

① 25 — 26 — □

② 31 — □ — 33

③ 35 — □ — 37

④ □ — 29 — 30

⑤ 27 — 28 — □

⑥ 47 — □ — 49

⑦ 41 — 42 — □

⑧ □ — 45 — 46

⑨ 23 — □ — 25

⑩ 38 — □ — 40

1만큼 더 큰 수/작은 수를 찾아라!

✂ ☐ 안에 알맞은 수를 써넣으세요.

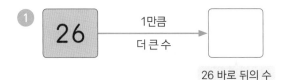

① 26 → 1만큼 더 큰 수 → ☐

26 바로 뒤의 수

⑥ ☐ ← 1만큼 더 작은 수 ← 29

29 바로 앞의 수

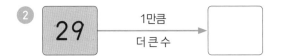

② 29 → 1만큼 더 큰 수 → ☐

⑦ ☐ ← 1만큼 더 작은 수 ← 34

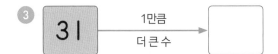

③ 31 → 1만큼 더 큰 수 → ☐

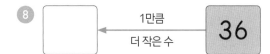

⑧ ☐ ← 1만큼 더 작은 수 ← 36

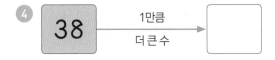

④ 38 → 1만큼 더 큰 수 → ☐

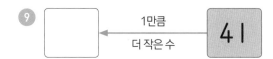

⑨ ☐ ← 1만큼 더 작은 수 ← 41

⑤ 44 → 1만큼 더 큰 수 → ☐

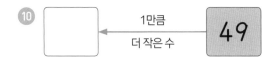

⑩ ☐ ← 1만큼 더 작은 수 ← 49

❈ □ 안에 알맞은 수를 써넣으세요.

1

□ ← 1만큼 더 작은 수 — **21** — 1만큼 더 큰 수 → □

2

□ ← 1만큼 더 작은 수 — **28** — 1만큼 더 큰 수 → □

3

□ ← 1만큼 더 작은 수 — **33** — 1만큼 더 큰 수 → □

4

□ ← 1만큼 더 작은 수 — **35** — 1만큼 더 큰 수 → □

5

□ ← 1만큼 더 작은 수 — **30** — 1만큼 더 큰 수 → □

6

□ ← 1만큼 더 작은 수 — **39** — 1만큼 더 큰 수 → □

7

□ ← 1만큼 더 작은 수 — **42** — 1만큼 더 큰 수 → □

8

□ ← 1만큼 더 작은 수 — **47** — 1만큼 더 큰 수 → □

9

□ ← 1만큼 더 작은 수 — **37** — 1만큼 더 큰 수 → □

10

□ ← 1만큼 더 작은 수 — **40** — 1만큼 더 큰 수 → □

□ 안에 알맞은 수를 써넣으세요.

1

24 [ ] [ ] 27 28

6

22 [ ] [ ] 25 26

2
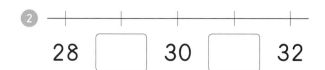
28 [ ] 30 [ ] 32

7
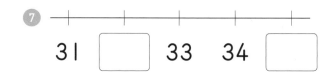
31 [ ] 33 34 [ ]

3
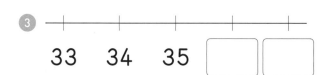
33 34 35 [ ] [ ]

8

37 [ ] [ ] 40 41

4
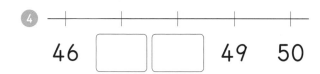
46 [ ] [ ] 49 50

9
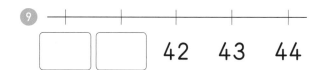
[ ] [ ] 42 43 44

5
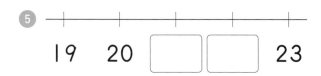
19 20 [ ] [ ] 23

10

45 [ ] 47 [ ] 49

집중 시간 3분

✽ 순서에 맞게 빈칸에 알맞은 수를 써넣으세요.

1

1	2	3		5
6		8	9	10
11				15
	17	18		
		23	24	

3

11	12	13		
	17		19	20
21	22			
			29	30
	32	33		

2

16	17			20
21			24	25
	27	28		
31	32			
		38	39	

4

26				30
31			34	35
		38		40
41				45
46				50

1부터 50까지의 수를
순서대로 쓰면 완성!

수의 크기 비교는 10개씩 묶음의 수부터!

❀ 더 큰 수에 ◯표 하세요.

1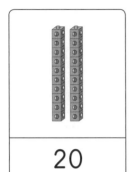

| 20 | ⃝30 |

5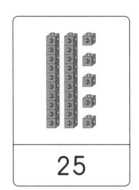

| 20 | 25 |

2

| 22 | 40 |

* 수의 크기는 10개씩 묶음의 수부터 비교해요.

$28 < 42$

더 많아요.

* 10개씩 묶음의 수가 같으면
낱개의 수가 많은 것이 더 큰 수예요.

$11 < 15$

더 많아요.

3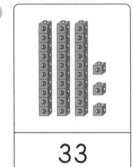

| 33 | 45 |

4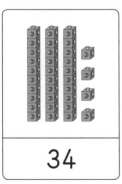

| 34 | 26 |

6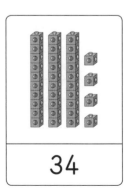

| 31 | 34 |

☘ □ 안에 알맞은 수를 써넣으세요.

① | 29 | 39 |

더 큰 수: ☐

② | 24 | 26 |

더 큰 수: ☐

③ | 30 | 40 |

더 큰 수: ☐

④ | 35 | 38 |

더 큰 수: ☐

⑤ | 46 | 42 |

더 큰 수: ☐

⑥ | 30 | 29 |

더 작은 수: ☐

⑦ | 32 | 28 |

더 작은 수: ☐

⑧ | 19 | 21 |

더 작은 수: ☐

⑨ | 41 | 39 |

더 작은 수: ☐

⑩ | 49 | 47 |

더 작은 수: ☐

57 50까지의 수의 크기 비교

✱ 큰 수부터 차례대로 쓰세요.

①

| 22 | 12 | 32 |

➡ 32 , ☐ , ☐

②

| 29 | 40 | 31 |

➡ ☐ , ☐ , ☐

③

| 25 | 23 | 29 |

➡ ☐ , ☐ , ☐

④

| 30 | 29 | 31 |

➡ ☐ , ☐ , ☐

⑤

| 28 | 38 | 30 |

➡ ☐ , ☐ , ☐

⑥

| 36 | 34 | 42 |

➡ ☐ , ☐ , ☐

⑦

| 41 | 39 | 47 |

➡ ☐ , ☐ , ☐

⑧

| 38 | 45 | 46 |

➡ ☐ , ☐ , ☐

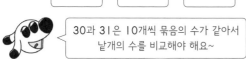

30과 31은 10개씩 묶음의 수가 같아서
낱개의 수를 비교해야 해요~

❀ 조건에 맞는 수를 모두 찾아 ◯표 하세요.

1 21보다 크고 24보다 작은 수

21 (22) (23) 24 25

5 29보다 크고 32보다 작은 수

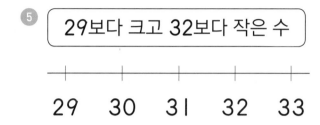

29 30 31 32 33

2 25보다 크고 28보다 작은 수

24 25 26 27 28

6 37보다 크고 40보다 작은 수

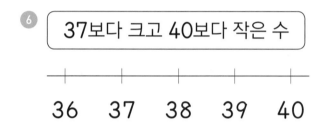

36 37 38 39 40

3 32보다 크고 35보다 작은 수

31 32 33 34 35

7 39보다 크고 42보다 작은 수

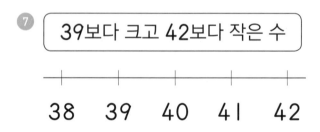

38 39 40 41 42

4 40보다 크고 43보다 작은 수

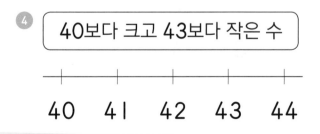

40 41 42 43 44

8 46보다 크고 50보다 작은 수

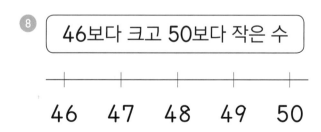

46 47 48 49 50

✿ ☐ 안에 알맞은 수를 써넣으세요.

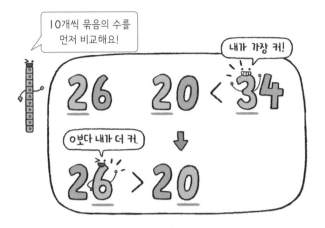

1 | 26 | 20 | 34 |

가장 큰 수: ☐

2 | 15 | 25 | 26 |

가장 큰 수: ☐

6 | 40 | 39 | 41 |

가장 작은 수: ☐

3 | 29 | 30 | 28 |

가장 큰 수: ☐

7 | 34 | 44 | 24 |

가장 작은 수: ☐

4 | 36 | 38 | 37 |

가장 큰 수: ☐

8 | 23 | 45 | 31 |

가장 작은 수: ☐

5 | 29 | 39 | 42 |

가장 큰 수: ☐

9 | 39 | 49 | 47 |

가장 작은 수: ☐

✿ 가장 큰 수에 ◯표, 가장 작은 수에 △표 하세요.

1

5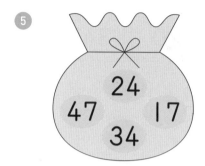

2

6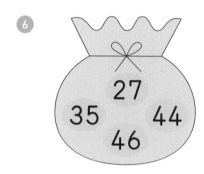

3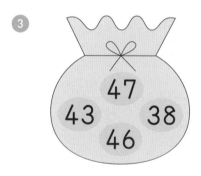

7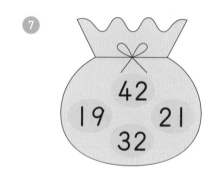

4

8

집중 시간 2분

✂ 그림을 보고 ☐ 안에 알맞은 수나 말을 써넣으세요.

1

↑ 11

엘리베이터 버튼에서 11보다 1만큼 더 큰 수는

☐ 입니다.

2

마흔둘 서른여덟

아버지 어머니

아버지는 42세이고 어머니는 ☐ 세이므로

☐ 의 나이가 더 많습니다.

3

41 39 45

* 체중계 속 수의 단위는 킬로그램입니다.
무게를 나타내는 단위예요.

몸무게가 무거운 순서대로 쓰면 45 킬로그램,

☐ 킬로그램, ☐ 킬로그램입니다.

✂️ 순서에 맞게 빈칸에 알맞은 수를 써넣으세요.

✂ □ 안에 알맞은 수를 써넣으세요.

1

19		21	

→ 1씩 커져요.

2

35			38

→ 1씩 커져요.

3 32 →1만큼 더 큰 수 □

4 □ ←1만큼 더 작은 수 17

5 □ ←1만큼 더 작은 수 40 1만큼 더 큰 수→ □

6

23	39

더 큰 수: □

7

19	21

더 작은 수: □

8

45	38	49

큰 수부터 차례대로 쓰면

□ , □ , □ 입니다.

9

47	25	39	11

• 가장 큰 수: □

• 가장 작은 수: □

10

32	29	40	37

• 가장 큰 수: □

• 가장 작은 수: □

11

28 29 30 31 32

수직선에서 29보다 크고 32보다

작은 수는 □ , □ 입니다.

바빠 시리즈 초·중등 수학 교재 한눈에 보기

유아~취학 전	1학년	2학년	3학년

7살 첫 수학

초등 입학 준비 첫 수학

① 100까지의 수
② 20까지 수의 덧셈 뺄셈
③ 100까지 수의 덧셈 뺄셈
★ 시계와 달력
★ 동전과 지폐 세기

바빠 교과서 연산 | 학교 진도 맞춤 연산

▶ 가장 쉬운 교과 연계용 수학책
▶ 수학 학원 원장님들의
  연산 꿀팁 수록!
▶ 한 학기에 필요한 연산만 모아
  계산 속도가 빨라진다.

1~6학년 학기별 각 1권 | 전 12권

나 혼자 푼다! 바빠 수학 문장제 | 학교 시험 문장제, 서술형 완벽 대비

▶ 빈칸을 채우면 풀이와 답 완성!
▶ 교과서 대표 유형 집중 훈련
▶ 대화식 도움말이 담겨 있어,
  혼자 공부하기 좋은 책

1~6학년 학기별 각 1권 | 전 12권

베 스 트 셀 러

구구단, 시계와 시간   길이와 시간 계산, 곱셈

바빠 연산법 | 10일에 완성하는 영역별 연산 총정리

▶ 결손 보강용 영역별 연산 책
▶ 취약한 연산만 집중 훈련
▶ 시간이 절약되는 똑똑한 훈련법!

예비초~6학년 영역별 | 전 26권

4학년	5학년	6학년	중학생

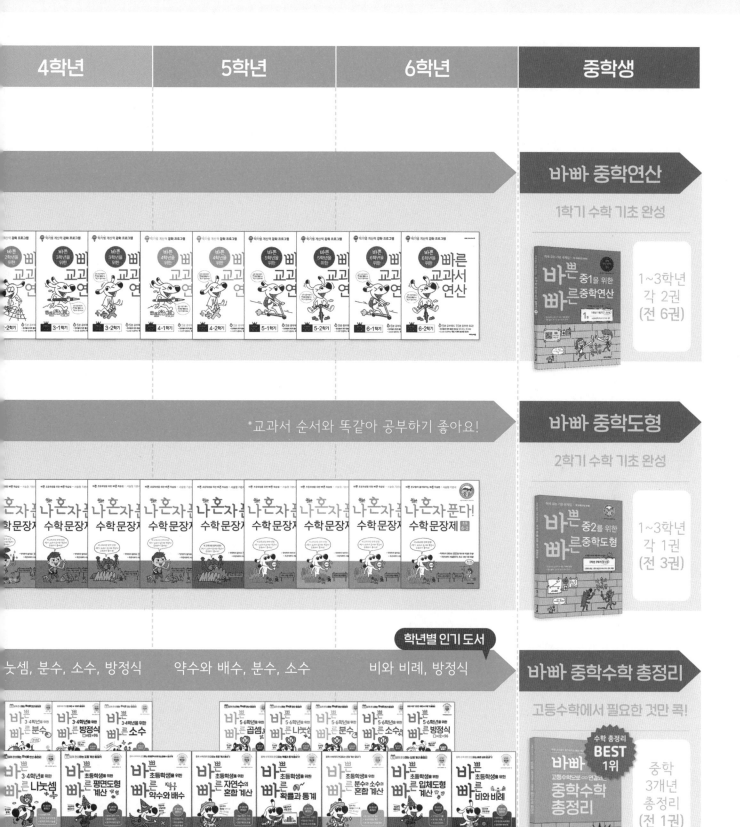

바빠 중학연산

1학기 수학 기초 완성

1~3학년
각 2권
(전 6권)

*교과서 순서와 똑같아 공부하기 좋아요!

바빠 중학도형

2학기 수학 기초 완성

1~3학년
각 1권
(전 3권)

학년별 인기 도서

늣셈, 분수, 소수, 방정식　　약수와 배수, 분수, 소수　　비와 비례, 방정식

바빠 중학수학 총정리

고등수학에서 필요한 것만 콕!

수학 총정리
BEST
1위

중학
3개년
총정리
(전 1권)

초등 수학 공부, 이렇게 하면 효과적!

"펑펑 내려야 눈이 쌓이듯 공부도 집중해야 실력이 쌓인다!"

학교 다닐 때는? | 학기별 연산책 '바빠 교과서 연산'

'바빠 교과서 연산'부터 시작하세요. 학기별 진도에 딱 맞춘 쉬운 연산 책이니까요! 방학 동안 다음 학기 선행을 준비할 때도 '바빠 교과서 연산'으로 시작하세요! 교과서 순서대로 빠르게 공부할 수 있어, 첫 번째 수학 책으로 추천합니다.

시험이나 서술형 대비는? | '나 혼자 푼다! 바빠 수학 문장제'

학교 시험을 대비하고 싶다면 '나 혼자 푼다! 수학 문장제'로 공부하세요. 너무 어렵지도 쉽지도 않은 딱 적당한 난이도로, 빈칸을 채우면 풀이 과정이 완성됩니다! 막막하지 않아요~ 요즘 학교 시험 풀이 과정을 손쉽게 연습할 수 있습니다.

방학 때는? | 10일 완성 영역별 연산책 '바빠 연산법'

내가 부족한 영역만 골라 보충할 수 있어요! 예를 들어 4학년인데 나눗셈이 어렵다면 나눗셈만, 분수가 어렵다면 분수만 골라 훈련하세요. 방학 때나 학습 결손이 생겼을 때, 취약한 연산 구멍을 빠르게 메꿀 수 있어요!

바빠 연산 영역 :
덧셈, 뺄셈, 구구단, 시계와 시간, 길이와 시간 계산, 곱셈, 나눗셈, 약수와 배수, 분수, 소수, 자연수의 혼합 계산, 분수와 소수의 혼합 계산, 평면도형 계산, 입체도형 계산, 비와 비례, 방정식, 확률과 통계

바빠 시리즈 초등 학년별 추천 도서

학년	학기별 연산책 바빠 교과서 연산 학기 중, 선행용으로 추천!	나 혼자 푼다! 바빠 수학 문장제 학교 시험 서술형 완벽 대비!
1학년	· 바빠 교과서 연산 1-1 · 바빠 교과서 연산 1-2	· 나 혼자 푼다! 바빠 수학 문장제 1-1 · 나 혼자 푼다! 바빠 수학 문장제 1-2
2학년	· 바빠 교과서 연산 2-1 · 바빠 교과서 연산 2-2	· 나 혼자 푼다! 바빠 수학 문장제 2-1 · 나 혼자 푼다! 바빠 수학 문장제 2-2
3학년	· 바빠 교과서 연산 3-1 · 바빠 교과서 연산 3-2	· 나 혼자 푼다! 바빠 수학 문장제 3-1 · 나 혼자 푼다! 바빠 수학 문장제 3-2
4학년	· 바빠 교과서 연산 4-1 · 바빠 교과서 연산 4-2	· 나 혼자 푼다! 바빠 수학 문장제 4-1 · 나 혼자 푼다! 바빠 수학 문장제 4-2
5학년	· 바빠 교과서 연산 5-1 · 바빠 교과서 연산 5-2	· 나 혼자 푼다! 바빠 수학 문장제 5-1 · 나 혼자 푼다! 바빠 수학 문장제 5-2
6학년	· 바빠 교과서 연산 6-1 · 바빠 교과서 연산 6-2	· 나 혼자 푼다! 바빠 수학 문장제 6-1 · 나 혼자 푼다! 바빠 수학 문장제 6-2

'바빠 교과서 연산'과
'나 혼자 문장제'를
함께 풀면
한 학기 수학 완성!

이번 학기 공부 습관을 만드는 첫 연산 책!

바빠 교과서 연산

바쁜 친구들이 즐거워지는
빠른 학습법

1-1

✓ 정답 및 풀이

이지스에듀

이번 학기
공부 습관을 만드는
첫 연산 책!

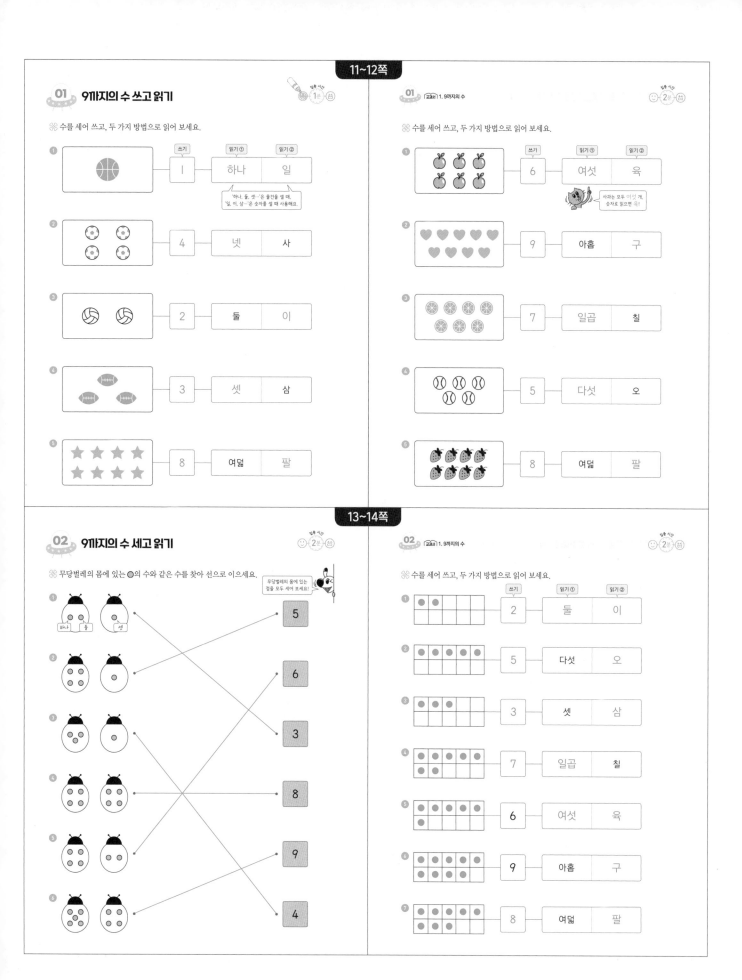

03 순서를 나타내는 말은 '몇째'

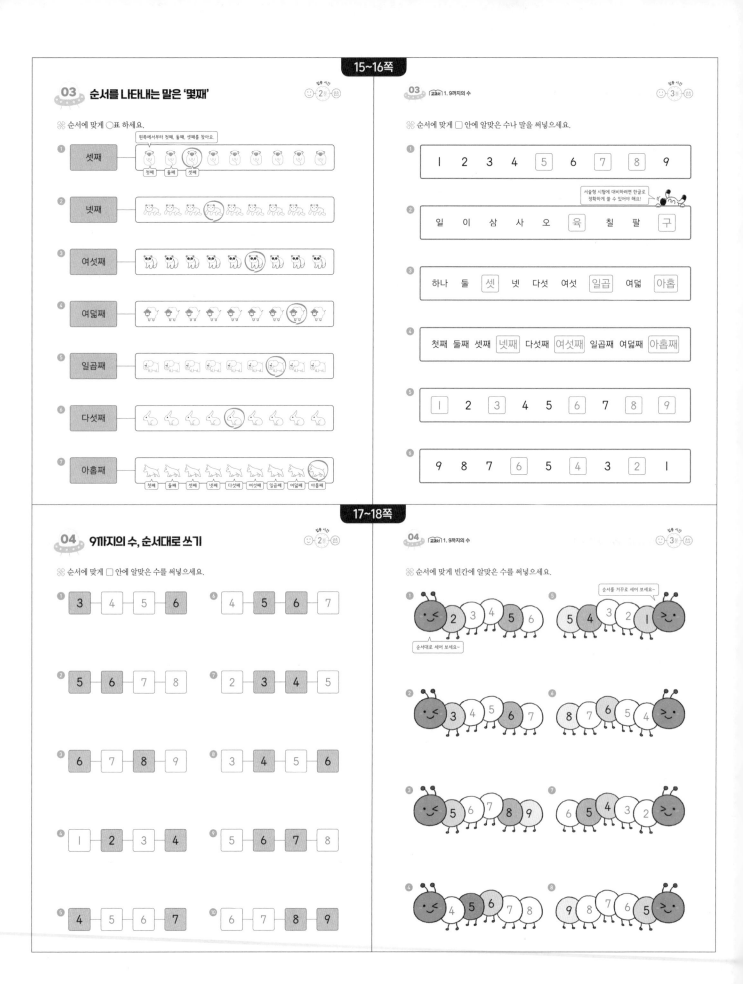

05 1만큼 더 큰 수/작은 수를 찾아라!

※ 빈칸에 1만큼 더 큰 수 또는 1만큼 더 작은 수만큼 ●를 그리고, 알맞은 수를 써넣으세요.

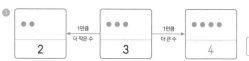

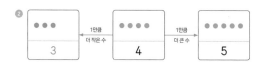

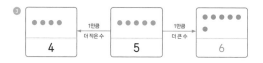

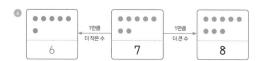

05 1. 9까지의 수

※ 왼쪽 수보다 1만큼 더 작은 수에 ○표 하세요.

05 (오른쪽)

※ 왼쪽 수보다 1만큼 더 큰 수에 ○표 하세요.

06 1만큼 더 큰 수/작은 수 쓰기

※ □ 안에 알맞은 수를 써넣으세요.

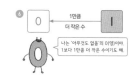

06 1. 9까지의 수

※ □ 안에 알맞은 수를 써넣으세요.

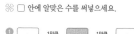

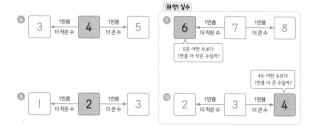

07 어떤 수가 더 클까?

※ 왼쪽 수만큼 ●를 그리고, 알맞은 말에 ○표 하세요.

❶ 4
  2
4는 2보다 (큽니다 , 작습니다).

● 많은 수가 더 큰 수예요.
7
6
7은 6보다 (큽니다 , 작습니다).

❷ 5
  3
5는 3보다 (큽니다 , 작습니다).

❺ 7
  8
7은 8보다 (큽니다 , 작습니다).

❸ 2
  5
2는 5보다 (큽니다 , 작습니다).

❻ 8
  4
8은 4보다 (큽니다 , 작습니다).

❹ 4
  6
4는 6보다 (큽니다 , 작습니다).

❼ 9
  7
9는 7보다 (큽니다 , 작습니다).

07 [교과서] 1. 9까지의 수

※ □ 안에 알맞은 수를 써넣으세요.

❶ | 2 | 4 |
더 큰 수: 4

❻ | 3 | 1 |
더 작은 수: 1

❷ | 3 | 2 |
더 큰 수: 3

❼ | 4 | 5 |
더 작은 수: 4

❸ | 5 | 6 |
더 큰 수: 6

❽ | 7 | 3 |
더 작은 수: 3

❹ | 6 | 8 |
더 큰 수: 8

❾ | 7 | 9 |
더 작은 수: 7

❺ | 8 | 9 |
더 큰 수: 9

❿ | 5 | 8 |
더 작은 수: 5

08 가장 큰 수와 가장 작은 수는?

※ 왼쪽 수만큼 ○를 그리고, □ 안에 알맞은 수를 써넣으세요.

❶ 2
  4
  3
• 가장 큰 수는 4 입니다.
• 가장 작은 수는 2 입니다.

가장 작은 수 1 2 3 가장 큰 수
※ 크기가 작은 수부터 쓰면
가장 왼쪽에 있는 수가 가장 작은 수이고,
가장 오른쪽에 있는 수가 가장 큰 수예요.

❷ 4
  6
  7
• 가장 큰 수는 7 입니다.
• 가장 작은 수는 4 입니다.

❹ 3
  6
  4
• 가장 큰 수는 6 입니다.
• 가장 작은 수는 3 입니다.

❸ 5
  6
  3
• 가장 큰 수는 6 입니다.
• 가장 작은 수는 3 입니다.

❺ 8
  9
  7
• 가장 큰 수는 9 입니다.
• 가장 작은 수는 7 입니다.

08 [교과서] 1. 9까지의 수

※ □ 안에 알맞은 수를 써넣으세요.

❶ | 5 | 2 | 6 |
가장 큰 수: 6

❻ | 2 | 3 | 1 |
가장 작은 수: 1

❷ | 6 | 5 | 7 |
가장 큰 수: 7

❼ | 4 | 2 | 5 |
가장 작은 수: 2

❸ | 4 | 7 | 5 |
가장 큰 수: 7

❽ | 7 | 8 | 6 |
가장 작은 수: 6

❹ | 3 | 8 | 9 |
가장 큰 수: 9

❾ | 6 | 4 | 8 |
가장 작은 수: 4

❺ | 8 | 6 | 7 |
가장 큰 수: 8

❿ | 3 | 9 | 7 |
가장 작은 수: 3

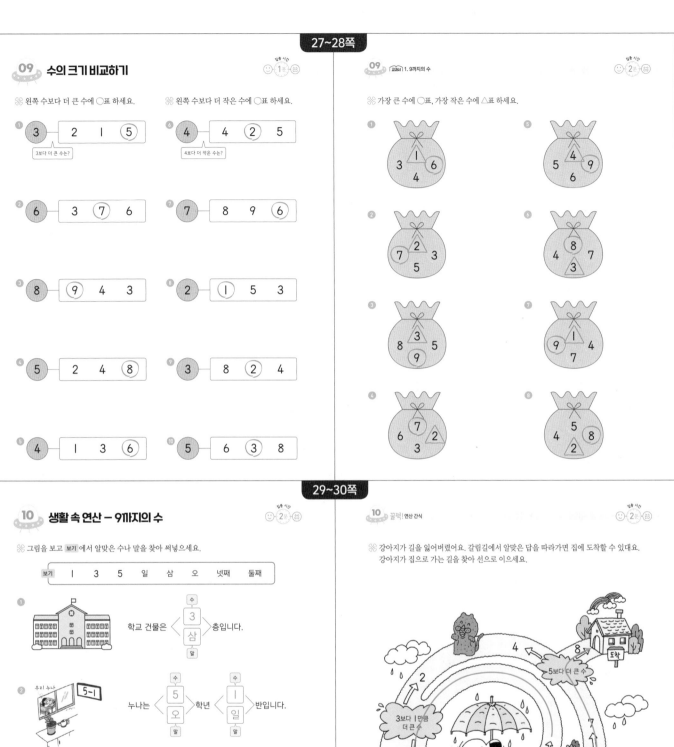

09 수의 크기 비교하기

집중 시간 1분

❈ 왼쪽 수보다 더 큰 수에 ○표 하세요.

① 3 [2 l ⑤]
3보다 더 큰 수는?

② 6 [3 ⑦ 6]

③ 8 [⑨ 4 3]

④ 5 [2 4 ⑧]

⑤ 4 [l 3 ⑥]

❈ 왼쪽 수보다 더 작은 수에 ○표 하세요.

⑥ 4 [4 ② 5]
4보다 더 작은 수는?

⑦ 7 [8 9 ⑥]

⑧ 2 [① 5 3]

⑨ 3 [8 ② 4]

⑩ 5 [6 ③ 8]

---

09 교과서 1. 9까지의 수

집중 시간 2분

❈ 가장 큰 수에 ○표, 가장 작은 수에 △표 하세요.

① 3 △l ○6 4

② 7 △2 3 ○5

③ 8 △3 ○9 5

④ 6 ○7 △2 3

⑤ ○9 △4 6 5

⑥ 4 ○8 7 △3

⑦ 9 △l 4 7

⑧ 4 ○8 △2 3

---

10 생활 속 연산 – 9까지의 수

집중 시간 2분

❈ 그림을 보고 보기 에서 알맞은 수나 말을 찾아 써넣으세요.

보기 l 3 5 일 삼 오 넷째 둘째

① 학교 건물은 [수 3 / 삼 / 말] 층입니다.

② 우리 누나 5-l 누나는 〈수 5 / 오 / 말〉 학년 〈수 l / 일 / 말〉 반입니다.

③ 순서를 나타낼 때는 '첫째, 둘째, 셋째…'라고 말해요.
영미 영미는 왼쪽에서 둘째 에 서 있습니다.

④ 우리 어머니 어머니는 왼쪽에서 넷째 에 서 있습니다.

---

10 꿀꺽 연산 간식

집중 시간 2분

❈ 강아지가 길을 잃어버렸어요. 갈림길에서 알맞은 답을 따라가면 집에 도착할 수 있대요.
강아지가 집으로 가는 길을 찾아 선으로 이으세요.

첫째마당 통과 문제

＊틀린 문제는 꼭 다시 확인하고 넘어가요!

❀ □ 안에 알맞은 수나 말을 써넣으세요.

4차시
❶ | 6 | 7 | 8 | 9 |
1씩 커져요.

4차시
❷ | 2 | 3 | 4 | 5 |
1씩 커져요.

6차시
❸ 4 →(1만큼 더 큰 수) 5

6차시
❹ 7 →(1만큼 더 큰 수) 8

6차시
❺ 2 →(1만큼 더 작은 수) 3

6차시
❻ 8 →(1만큼 더 작은 수) 9

6차시
❼ 5 ←(1만큼 더 작은 수) 6 →(1만큼 더 큰 수) 7

7차시
❽ | 2 | 5 |
• 더 작은 수: 2

7차시
❾ | 7 | 3 |
• 더 큰 수: 7

8차시
❿ | 5 | 8 | 4 | 9 |
• 가장 큰 수: 9
• 가장 작은 수: 4

10차시
⓫ 강아지 생쥐 토끼 말

토끼는 왼쪽에서 셋째 에 있어요.

첫째 마당 정복!
둘째 마당으로 가 보자고

11 두 수를 모아 3, 4, 5 만들기

걸린 시간 ☺ 1분 ☺

❀ 그림을 보고 □ 안에 알맞은 수를 써넣으세요.

❶ [사과 2개] [사과 1개] → 2 1 → 3

❷ [오렌지 2개] [오렌지 2개] → 2 2 → 4

❸ [포도 1개] [포도 3개] → 1 3 → 4

❹ [딸기 3개] [딸기 2개] → 3 2 → 5

11 교과서 3. 덧셈과 뺄셈

걸린 시간 ☺ 2분 ☺

❀ ○ 안에 알맞은 수를 써넣으세요.

❶ 3 1 → 4
점 3개와 점 1개를 모으면 점은 모두 4개가 돼요

❷ 1 2 → 3

❸ 2 2 → 4

❹ 3 2 → 5

❺ 1 4 → 5
점의 개수를 세어 빈칸에 써 봐요~

❻ 2 3 → 5

❼ 1 3 → 4

❽ 4 1 → 5

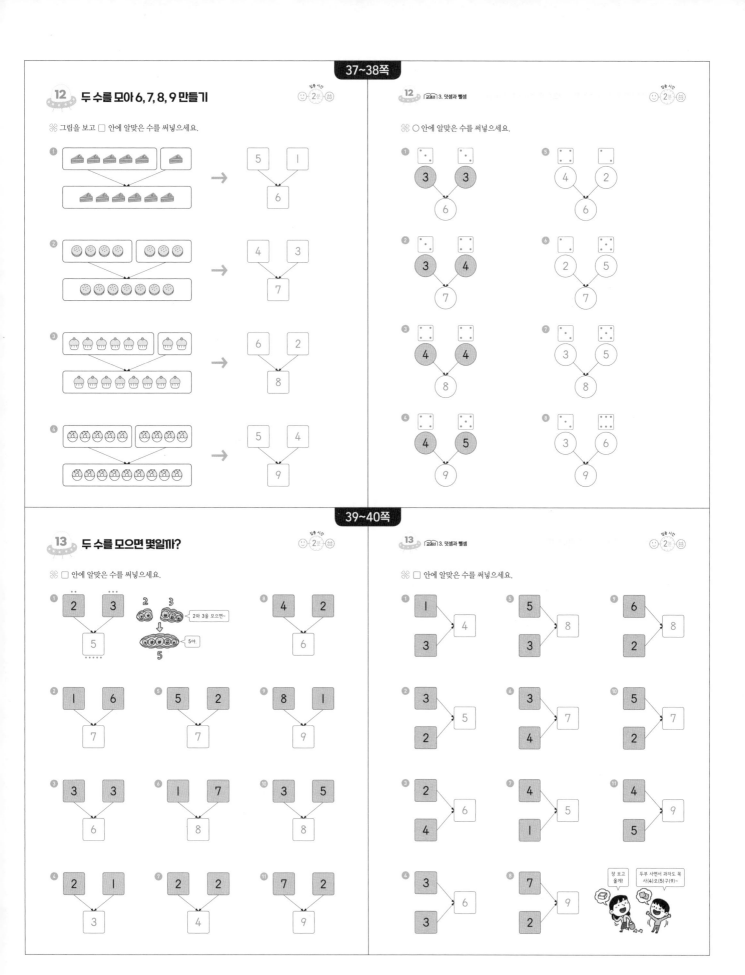

12 두 수를 모아 6, 7, 8, 9 만들기

※ 그림을 보고 □ 안에 알맞은 수를 써넣으세요.

① 5 1 → 6

② 4 3 → 7

③ 6 2 → 8

④ 5 4 → 9

12 교과서 3. 덧셈과 뺄셈

※ ○ 안에 알맞은 수를 써넣으세요.

① 3 3 → 6
⑤ 4 2 → 6

② 3 4 → 7
⑥ 2 5 → 7

③ 4 4 → 8
⑦ 3 5 → 8

④ 4 5 → 9
⑧ 3 6 → 9

13 두 수를 모으면 몇일까?

※ □ 안에 알맞은 수를 써넣으세요.

① 2 3 → 5
2와 3을 모으면~
5야.
5

⑧ 4 2 → 6

② 1 6 → 7
⑤ 5 2 → 7
⑨ 8 1 → 9

③ 3 3 → 6
⑥ 1 7 → 8
⑩ 3 5 → 8

④ 2 1 → 3
⑦ 2 2 → 4
⑪ 7 2 → 9

13 교과서 3. 덧셈과 뺄셈

※ □ 안에 알맞은 수를 써넣으세요.

① 1 3 → 4
⑤ 5 3 → 8
⑨ 6 2 → 8

② 3 2 → 5
⑥ 3 4 → 7
⑩ 5 2 → 7

③ 2 4 → 6
⑦ 4 1 → 5
⑪ 4 5 → 9

④ 2 3 → 6
⑧ 7 2 → 9

잘 보고
올게!
두부 사면서 과자도 콕
사(4)오(5)구(9)~

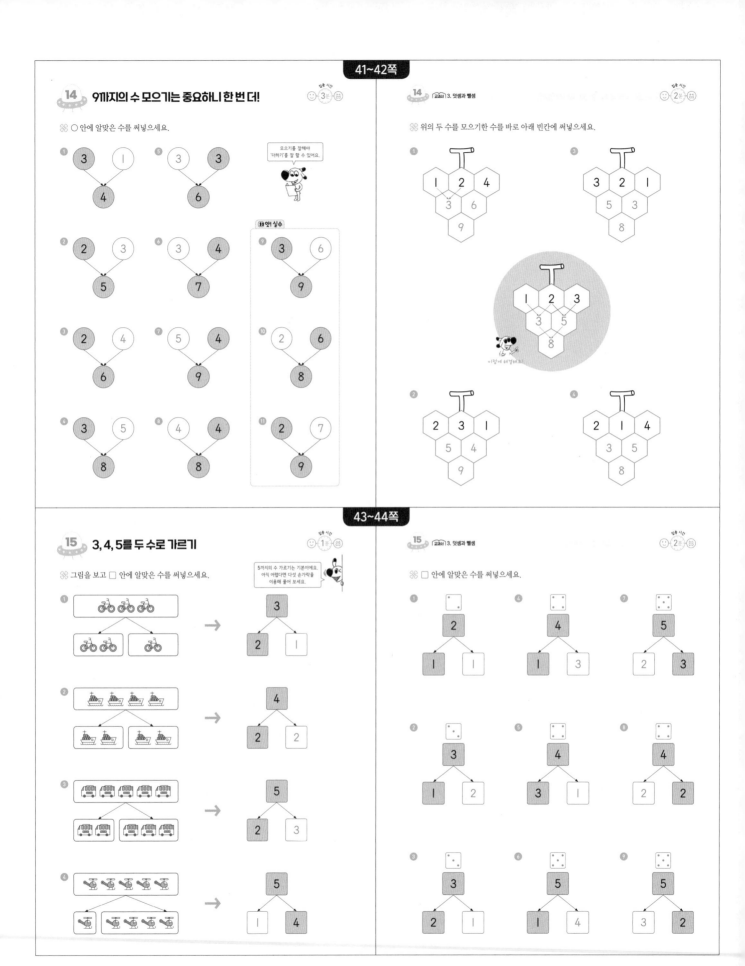

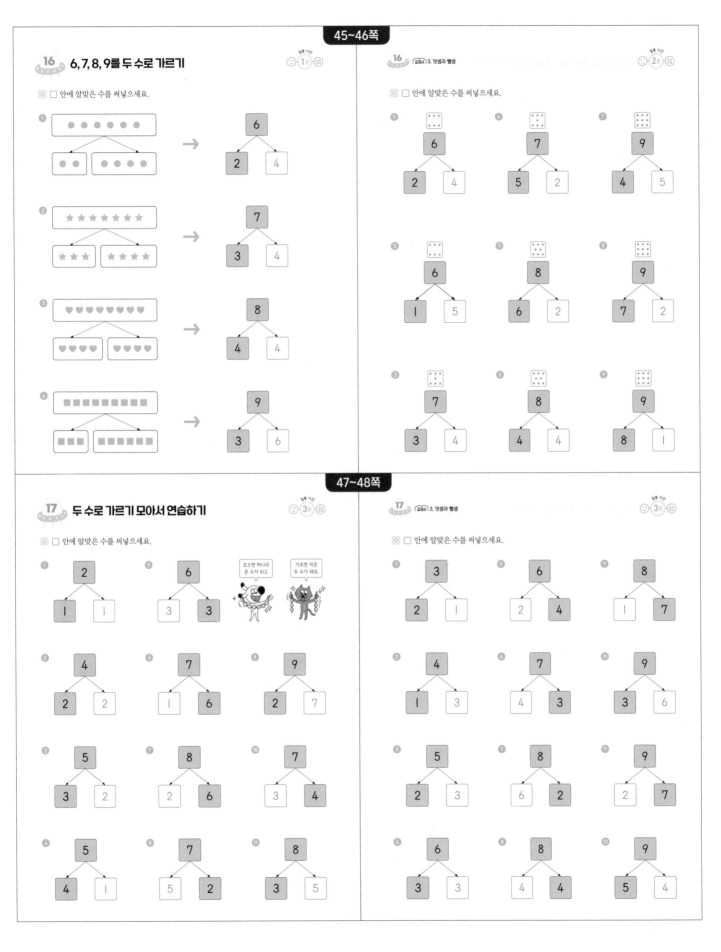

18 9까지의 수 가르기는 중요하니 한 번 더!

⏱ 3분

※ □ 안에 알맞은 수를 써넣으세요.

❶
 5 → 1, □4   5 → 3, □2   5 → 4, □1

❷
 7 → □1, 6   7 → 3, □4   7 → 5, □2

❸
 4 → 1, □3   4 → 2, □2   4 → 3, □1

❹
 9 → □3, 6   9 → 5, □4   9 → 7, □2

18 [교과서] 3. 덧셈과 뺄셈
⏱ 3분

※ 위의 수를 두 수로 가르기한 수를 바로 아래 빈칸에 써넣으세요.

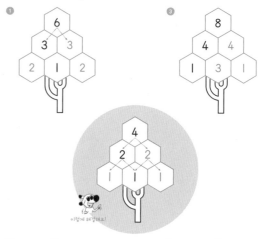

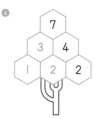

19 생활 속 연산 - 모으기와 가르기
⏱ 2분

※ 그림을 보고 □ 안에 알맞은 수를 써넣으세요.

❶  영미의 책 4권과 지수의 책 3권을 모으면 7 권이 됩니다.

❷  어제 받은 칭찬 붙임딱지 3장과 오늘 받은 칭찬 붙임딱지 2장을 모으면 5 장이 됩니다.

❸  음료수 5잔은 얼음이 있는 음료수 3잔과 얼음이 없는 음료수 2 잔으로 가를 수 있습니다.

❹ 주차장에 있는 8대의 차는 트럭 3대와 승용차 5 대로 가를 수 있습니다.

19 꿀떡! 연산 간식
⏱ 2분

※ 송이네 가족이 주말 농장에서 키운 채소와 과일을 수확하는 날이에요. 수확한 채소와 과일을 한 박스에 9개씩 담아 포장할 때, 한 박스에 담을 채소와 과일을 찾아 선을 이으세요.

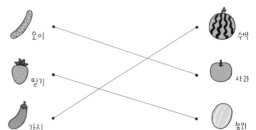

둘째 마당 통과 문제 🚀

＊틀린 문제는 꼭 다시 확인하고 넘어가요!

❀ □ 안에 알맞은 수를 써넣으세요.

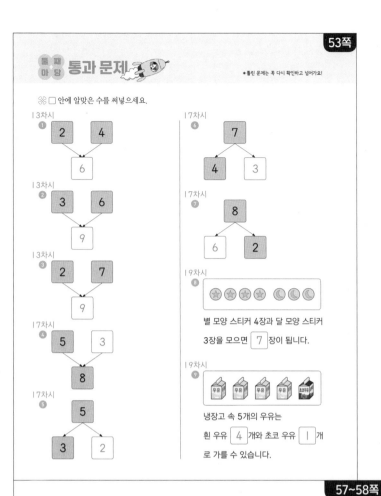

|3차시|
❶ 2 4 → 6

|3차시|
❷ 3 6 → 9

|3차시|
❸ 2 7 → 9

|7차시|
❹ 5 3 → 8

|7차시|
❺ 5 → 3 2

|7차시|
❻ 7 → 4 3

|7차시|
❼ 8 → 6 2

|9차시|
❽ ⭐⭐⭐⭐ 🌙🌙🌙

별 모양 스티커 4장과 달 모양 스티커

3장을 모으면 7 장이 됩니다.

|9차시|
❾ 🥛🥛🥛🥛🥛

냉장고 속 5개의 우유는

흰 우유 4 개와 초코 우유 1 개

로 가를 수 있습니다.

둘째 마당 정복!

셋째 마당으로 가 보자고

---

20 덧셈식 쓰고 읽기

걸린 시간 😊 2분 ⏰

❀ 그림을 보고 덧셈식을 쓰고, 읽어 보세요.

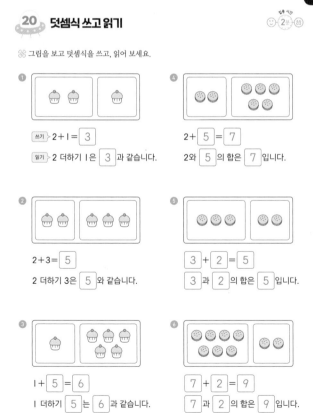

❶
쓰기 2+1= 3
읽기 2 더하기 1은 3 과 같습니다.

❷
2+3= 5
2 더하기 3은 5 와 같습니다.

❸
1+ 5 = 6
1 더하기 5 는 6 과 같습니다.

❹
2+ 5 = 7
2와 5 의 합은 7 입니다.

❺
3 + 2 = 5
3 과 2 의 합은 5 입니다.

❻
7 + 2 = 9
7 과 2 의 합은 9 입니다.

---

20 교과서 3. 덧셈과 뺄셈

걸린 시간 😊 2분 ⏰

❀ 보기 와 같이 덧셈식을 쓰고, 읽어 보세요.

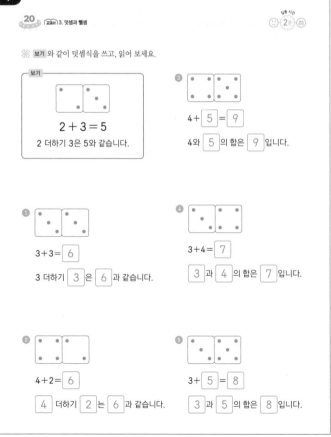

보기
2＋3＝5
2 더하기 3은 5와 같습니다.

❶
3+3= 6
3 더하기 3 은 6 과 같습니다.

❷
4+2= 6
4 더하기 2 는 6 과 같습니다.

❸
4+ 5 = 9
4와 5 의 합은 9 입니다.

❹
3+4= 7
3 과 4 의 합은 7 입니다.

❺
3+ 5 = 8
3 과 5 의 합은 8 입니다.

21 그림을 보면 술술 풀리는 덧셈

※ 그림을 보고 덧셈식을 쓰세요.

①

$3 + 2 = 5$

②

$4 + 3 = 7$

③

$6 + 3 = 9$

④

$5 + 4 = 9$

⑤

$5 + 3 = 8$

⑥

$2 + 7 = 9$

⑦

$8 + 1 = 9$

⑧

$6 + 2 = 8$

21 [교과서] 3. 덧셈과 뺄셈

※ 그림을 보고 덧셈을 하세요.

덧셈을 먼저 한 다음 도넛 수를 세어 답이 맞았는지 확인해도 좋아요~

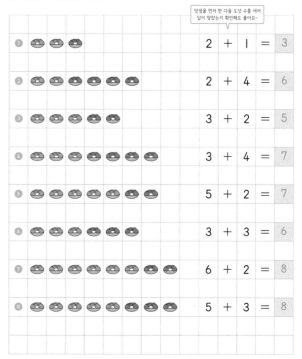

①	$2 + 1 = 3$
②	$2 + 4 = 6$
③	$3 + 2 = 5$
④	$3 + 4 = 7$
⑤	$5 + 2 = 7$
⑥	$3 + 3 = 6$
⑦	$6 + 2 = 8$
⑧	$5 + 3 = 8$

22 한 자리 수의 덧셈

※ 덧셈을 하세요.

① $1 + 2 = 3$	⑨ $4 + 2 = 6$
② $3 + 2 = 5$	⑩ $2 + 6 = 8$
③ $4 + 3 = 7$	⑪ $5 + 1 = 6$
④ $2 + 5 = 7$	⑫ $5 + 3 = 8$
⑤ $4 + 5 = 9$	⑬ $3 + 3 = 6$
⑥ $6 + 3 = 9$	⑭ $6 + 2 = 8$
⑦ $7 + 2 = 9$	⑮ $3 + 1 = 4$
⑧ $3 + 6 = 9$	⑯ $1 + 7 = 8$

우와~ 발견했어?
①~⑧ 문제는 답이 홀수,
⑨~⑯ 문제는 답이 짝수야!

22 [교과서] 3. 덧셈과 뺄셈

※ 덧셈을 하세요.

① $2 + 4 = 6$	⑨ $2 + 3 = 5$
② $2 + 2 = 4$	⑩ $4 + 3 = 7$
③ $3 + 4 = 7$	⑪ $3 + 6 = 9$
④ $3 + 5 = 8$	⑫ $8 + 1 = 9$
⑤ $5 + 4 = 9$	⑬ $3 + 3 = 6$
⑥ $1 + 6 = 7$	⑭ $6 + 1 = 7$
⑦ $4 + 1 = 5$	⑮ $7 + 2 = 9$
⑧ $5 + 2 = 7$	⑯ $4 + 5 = 9$

23 한 자리 수의 덧셈 한 번 더!

⏱ 2분

❋ 덧셈을 하세요.

① 2 + 6 = 8

② 4 + 2 = 6

③ 5 + 4 = 9

④ 3 + 4 = 7

⑤ 1 + 4 = 5

⑥ 4 + 4 = 8

⑦ 6 + 2 = 8

앗! 실수

⑧ 2 + 7 = 9

⑨ 3 + 6 = 9

⑩ 7 + 2 = 9

⑪ 3 + 5 = 8

⑫ 4 + 5 = 9

장 보고 올게!

두부 사면서 과자도 꼭 사(4)오(5)구(9)~

---

23 교과서 3. 덧셈과 뺄셈

⏱ 2분

❋ 합이 가장 큰 바다 생물이 가장 힘이 셉니다. 두 수의 합을 ○ 안에 쓴 다음, 힘이 가장 센 바다 생물에 ○표 하세요.

두 수를 더해서 합이 가장 큰 바다 생물에 ○표 하세요.

---

24 0이 있는 덧셈은 '식은 죽 먹기'

⏱ 1분

❋ 덧셈을 하세요.

①

3 + 0 = 3

어떤 수에 0을 더하면 항상 어떤 수가 돼요.

②

0 + 7 = 7

0에 어떤 수를 더해도 항상 어떤 수가 돼요.

③

6 + 1 = 7

④

5 + 3 = 8

⑤

2 + 7 = 9

⑥

1 + 7 = 8

⑦

6 + 2 = 8

만두가 3개밖에 없네~
그럼 내가 남은 거 줄게!
0개 받았더니 그대로잖아.

---

24 교과서 3. 덧셈과 뺄셈

⏱ 2분

❋ 덧셈을 하세요.

① 4 + 3 = 7

② 4 + 2 = 6

③ 4 + 1 = 5

0은 아무것도 없는 것!

④ 4 + 0 = 4

⑤ 0 + 4 = 4

⑥ 7 + 2 = 9

⑦ 7 + 1 = 8

⑧ 7 + 0 = 7

⑨ 0 + 5 = 5

⑩ 1 + 5 = 6

⑪ 2 + 5 = 7

⑫ 3 + 5 = 8

⑬ 9 + 0 = 9

어떤 수에 0을 더하면?
3 + 0 = 3
4 + 0 = 4

0에 어떤 수를 더하면?
0 + 6 = 6
0 + 7 = 7

0은 어떤 수와 더해도 답이 항상 어떤 수가 돼.

어떤 수 지킴이
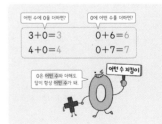

25 두 수를 바꾸어 더하면?

❀ 덧셈을 하세요.

① $1 + 3 = 4$
$3 + 1 = 4$

블록을 반대로 붙여도 전체 개수는 변하지 않아요.

② $6 + 3 = 9$　　⑦ $7 + 2 = 9$
$3 + 6 = 9$　　　$2 + 7 = 9$

③ $4 + 2 = 6$　　⑧ $5 + 3 = 8$
$2 + 4 = 6$　　　$3 + 5 = 8$

④ $6 + 0 = 6$　　⑨ $6 + 2 = 8$
$0 + 6 = 6$　　　$2 + 6 = 8$

⑤ $4 + 3 = 7$　　⑩ $1 + 8 = 9$
$3 + 4 = 7$　　　$8 + 1 = 9$

⑥ $5 + 4 = 9$　　⑪ $8 + 0 = 8$
$4 + 5 = 9$　　　$0 + 8 = 8$

25 교과서 3. 덧셈과 뺄셈

❀ 덧셈을 하세요.

①
$2 + 4 = 6$
$5 + 1 = 6$
$1 + 5 = 6$
$4 + 2 = 6$

③
$2 + 6 = 8$
$3 + 5 = 8$
$4 + 4 = 8$
$5 + 3 = 8$

②
$1 + 6 = 7$
$3 + 4 = 7$
$4 + 3 = 7$
$6 + 1 = 7$

④
$4 + 5 = 9$
$3 + 6 = 9$
$2 + 7 = 9$
$1 + 8 = 9$

26 한 자리 수의 덧셈은 중요해

❀ 덧셈을 하세요.

아직도 바로 답이 나오지 않는다면? 꼭 소리내어 연습하세요~

① $1 + 3 = 4$　　⑨ $6 + 2 = 8$

② $2 + 2 = 4$　　⑩ $5 + 4 = 9$

③ $3 + 0 = 3$　　⑪ $7 + 2 = 9$

④ $3 + 3 = 6$　　⑫ $4 + 1 = 5$

⑤ $2 + 4 = 6$　　⑬ $0 + 8 = 8$

⑥ $4 + 3 = 7$　　⑭ $2 + 5 = 7$

⑦ $5 + 2 = 7$　　⑮ $5 + 3 = 8$

⑧ $6 + 3 = 9$　　⑯ $1 + 7 = 8$

26 교과서 3. 덧셈과 뺄셈

❀ 덧셈을 하세요.

① $3 + 2 = 5$　　⑨ $2 + 7 = 9$

② $2 + 3 = 5$　　⑩ $4 + 4 = 8$

③ $2 + 6 = 8$　　⑪ $0 + 7 = 7$

④ $4 + 3 = 7$　　⑫ $1 + 8 = 9$

⑤ $5 + 1 = 6$　　⑬ $3 + 6 = 9$

⑥ $4 + 2 = 6$　　⑭ $7 + 1 = 8$

⑦ $8 + 0 = 8$　　⑮ $7 + 2 = 9$

⑧ $5 + 4 = 9$　　⑯ $3 + 5 = 8$

27 한 자리 수의 덧셈 집중 연습

※ 덧셈을 하세요.

❶ 4 + 1 = 5

❷ 3 + 3 = 6

❸ 1 + 7 = 8

❹ 5 + 2 = 7

❺ 4 + 4 = 8

❻ 4 + 5 = 9

❼ 2 + 5 = 7

❽ 0 + 5 = 5

❾ 3 + 6 = 9

❿ 7 + 2 = 9

⓫ 2 + 6 = 8

⓬ 4 + 3 = 7

⓭ 6 + 1 = 7

⓮ 5 + 4 = 9

⓯ 5 + 3 = 8

⓰ 6 + 3 = 9

27 교과서 3. 덧셈과 뺄셈

※ 덧셈을 하세요.

❶ 4 + 2 = 6

❷ 3 + 2 = 5

❸ 6 + 2 = 8

❹ 4 + 3 = 7

❺ 7 + 2 = 9

❻ 5 + 4 = 9

❼ 8 + 0 = 8

❽ 1 + 7 = 8

앗! 실수

❾ 2 + 7 = 9

❿ 5 + 2 = 7

⓫ 3 + 5 = 8

⓬ 6 + 3 = 9

⓭ 0 + 9 = 9

⓮ 4 + 5 = 9

자주 틀리는 수의 덧셈이에요. 정확하고 빠르게 푸는 훈련이 필요해요. 집중해서 풀어요!

28 뺄셈식 쓰고 읽기

※ 그림을 보고 뺄셈식을 쓰고, 읽어 보세요.

❶

쓰기 3 − 2 = 1

읽기 3 빼기 2는 1 과 같습니다.

❷

4 − 1 = 3

4 빼기 1은 3 과 같습니다.

❸

5 − 2 = 3

5 빼기 2 는 3 과 같습니다.

❹

7 − 5 = 2

7과 5 의 차는 2 입니다.

❺
8 − 3 = 5

8 과 3 의 차는 5 입니다.

❻

6 − 2 = 4

6 과 2 의 차는 4 입니다.

28 교과서 3. 덧셈과 뺄셈

※ 보기 와 같이 뺄셈식을 쓰고, 읽어 보세요.

보기

4 − 2 = 2

4 빼기 2는 2와 같습니다.

❸
8 − 3 = 5

8과 3 의 차는 5 입니다.

❶

7 − 4 = 3

7 빼기 4 는 3 과 같습니다.

❹
6 − 4 = 2

6 과 4 의 차는 2 입니다.

❷
5 − 1 = 4

5 빼기 1 은 4 와 같습니다.

❺
9 − 6 = 3

9 와 6 의 차는 3 입니다.

29 그림을 보면 술술 풀리는 뺄셈

⚜ 그림을 보고 뺄셈식을 쓰세요.

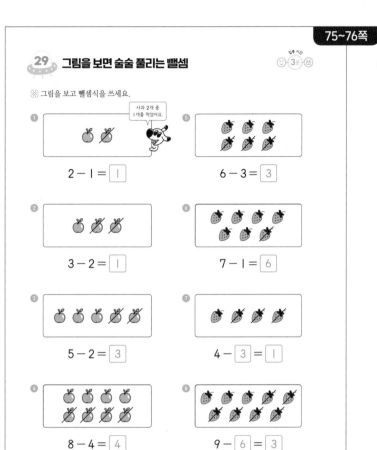

① 2 − 1 = 1

② 3 − 2 = 1

③ 5 − 2 = 3

④ 8 − 4 = 4

⑤ 6 − 3 = 3

⑥ 7 − 1 = 6

⑦ 4 − 3 = 1

⑧ 9 − 6 = 3

29 교과서 3. 덧셈과 뺄셈

⚜ 그림을 보고 뺄셈을 하세요.

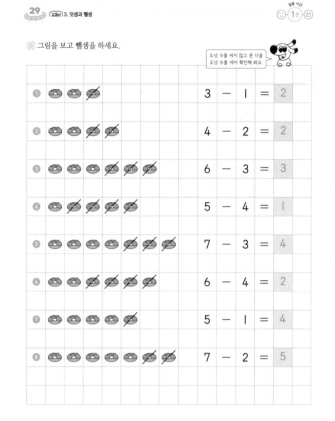

① 3 − 1 = 2
② 4 − 2 = 2
③ 6 − 3 = 3
④ 5 − 4 = 1
⑤ 7 − 3 = 4
⑥ 6 − 4 = 2
⑦ 5 − 1 = 4
⑧ 7 − 2 = 5

30 한 자리 수의 뺄셈

⚜ 뺄셈을 하세요.

① 3 − 2 = 1
② 4 − 1 = 3
③ 5 − 2 = 3
④ 6 − 2 = 4
⑤ 8 − 2 = 6
⑥ 7 − 4 = 3
⑦ 8 − 3 = 5
⑧ 8 − 4 = 4
⑨ 8 − 7 = 1
⑩ 8 − 5 = 3
⑪ 9 − 3 = 6
⑫ 9 − 4 = 5
⑬ 9 − 6 = 3
⑭ 9 − 7 = 2

30 교과서 3. 덧셈과 뺄셈

⚜ 뺄셈을 하세요.

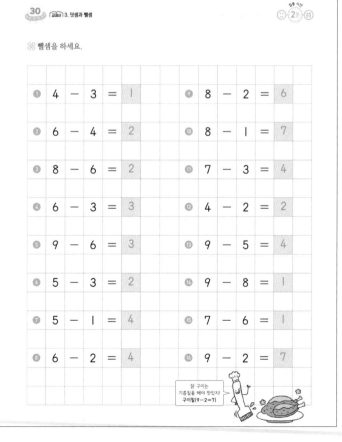

① 4 − 3 = 1
② 6 − 4 = 2
③ 8 − 6 = 2
④ 6 − 3 = 3
⑤ 9 − 6 = 3
⑥ 5 − 3 = 2
⑦ 5 − 1 = 4
⑧ 6 − 2 = 4
⑨ 8 − 2 = 6
⑩ 8 − 1 = 7
⑪ 7 − 3 = 4
⑫ 4 − 2 = 2
⑬ 9 − 5 = 4
⑭ 9 − 8 = 1
⑮ 7 − 6 = 1
⑯ 9 − 2 = 7

31 한 자리 수의 뺄셈 한 번 더!

🎀 뺄셈을 하세요.

❶ 4 − 1 = 3

❷ 5 − 4 = 1

❸ 5 − 2 = 3

❹ 6 − 2 = 4

❺ 6 − 3 = 3

❻ 6 − 5 = 1

❼ 7 − 3 = 4

❽ 7 − 6 = 1

앗! 실수

❾ 7 − 4 = 3

❿ 8 − 5 = 3

⓫ 8 − 2 = 6

파리(82) 6마리를 잡아서 팔아요(8−2=6)

⓬ 7 − 3 = 4

⓭ 9 − 7 = 2

⓮ 9 − 5 = 4

---

31 교과서 3. 덧셈과 뺄셈

🎀 차가 가장 작은 것이 아픈 바다 생물이에요. 두 수의 차를 ○ 안에 쓴 다음, 아픈 바다 생물에 ○표 하세요.

---

32 0이 있는 뺄셈은 '누워서 떡 먹기'

🎀 뺄셈을 하세요.

❶
6 − 2 = 4

❷
6 − 1 = 5

❸
6 − 0 = 6

❹
7 − 0 = 7

❺
5 − 5 = 0

❻
7 − 7 = 0

* (어떤 수)−0=(어떤 수)
3−0=3

* (어떤 수)−(어떤 수)=0
3−3=0

난 아무것도 '없음'을 뜻해요 0

---

32 교과서 3. 덧셈과 뺄셈

🎀 뺄셈을 하세요.

❶ 3 − 3 = 0	❼ 3 − 0 = 3
❷ 2 − 0 = 2	❽ 5 − 0 = 5
❸ 1 − 1 = 0	❾ 7 − 7 = 0
❹ 1 − 0 = 1	❿ 9 − 9 = 0
❺ 4 − 4 = 0	⓫ 8 − 8 = 0
❻ 6 − 6 = 0	⓬ 9 − 0 = 9

이(2)   빼기 이(2)는   이!

33 두 수의 차가 어떻게 달라질까?

❋ 뺄셈을 하세요.

①
$$3 - 3 = 0$$
$$4 - 3 = 1$$
$$5 - 3 = 2$$

④
$$5 - 3 = 2$$
$$4 - 3 = 1$$
$$3 - 3 = 0$$

⑦
$$4 - 2 = 2$$
$$5 - 3 = 2$$
$$6 - 4 = 2$$

 1씩 커지는 수에서 같은 수를 빼면?

 차도 1씩 커져!

②
$$2 - 1 = 1$$
$$3 - 1 = 2$$
$$4 - 1 = 3$$

⑤
$$7 - 2 = 5$$
$$6 - 2 = 4$$
$$5 - 2 = 3$$

⑧
$$7 - 3 = 4$$
$$6 - 2 = 4$$
$$5 - 1 = 4$$

 1씩 작아지는 수에서 같은 수를 빼면?

 차도 1씩 작아져!

③
$$5 - 4 = 1$$
$$6 - 4 = 2$$
$$7 - 4 = 3$$

⑥
$$9 - 5 = 4$$
$$8 - 5 = 3$$
$$7 - 5 = 2$$

⑨
$$8 - 1 = 7$$
$$7 - 2 = 5$$
$$6 - 3 = 3$$

33 [교과서] 3. 덧셈과 뺄셈

❋ 뺄셈을 하세요.

①
$$5 - 1 = 4$$
$$5 - 2 = 3$$
$$5 - 3 = 2$$
$$5 - 4 = 1$$

③
$$9 - 2 = 7$$
$$8 - 3 = 5$$
$$7 - 4 = 3$$
$$6 - 5 = 1$$

②
$$8 - 4 = 4$$
$$7 - 4 = 3$$
$$6 - 4 = 2$$
$$5 - 4 = 1$$

④
$$5 - 1 = 4$$
$$6 - 2 = 4$$
$$7 - 3 = 4$$
$$8 - 4 = 4$$

34 한 자리 수의 뺄셈은 중요해

❋ 뺄셈을 하세요.

① $3 - 2 = 1$
② $4 - 1 = 3$
③ $5 - 3 = 2$
④ $4 - 2 = 2$
⑤ $6 - 3 = 3$
⑥ $7 - 1 = 6$
⑦ $5 - 0 = 5$
⑧ $8 - 2 = 6$

⑨ $8 - 3 = 5$
⑩ $7 - 7 = 0$
⑪ $9 - 3 = 6$
⑫ $7 - 2 = 5$
⑬ $9 - 7 = 2$
⑭ $9 - 2 = 7$
⑮ $8 - 6 = 2$
⑯ $6 - 2 = 4$

34 [교과서] 3. 덧셈과 뺄셈

❋ 뺄셈을 하세요.

① $4 - 0 = 4$
② $5 - 1 = 4$
③ $7 - 6 = 1$
④ $7 - 4 = 3$
⑤ $6 - 6 = 0$
⑥ $8 - 4 = 4$
⑦ $5 - 5 = 0$
⑧ $6 - 2 = 4$

⑨ $8 - 8 = 0$
⑩ $8 - 2 = 6$
⑪ $9 - 7 = 2$
⑫ $6 - 3 = 3$
⑬ $9 - 0 = 9$
⑭ $7 - 3 = 4$
⑮ $9 - 1 = 8$
⑯ $8 - 7 = 1$

답이 바로 나오지 않은 뺄셈은 ☆ 표시한 다음 큰 소리로 외우세요!

35 한 자리 수의 뺄셈 집중 연습

※ 뺄셈을 하세요.

① 5 − 4 = 1

② 6 − 2 = 4

③ 6 − 1 = 5

④ 8 − 5 = 3

⑤ 5 − 3 = 2

⑥ 7 − 0 = 7

⑦ 9 − 8 = 1

⑧ 9 − 2 = 7

⑨ 6 − 0 = 6

⑩ 4 − 4 = 0

⑪ 7 − 2 = 5

⑫ 6 − 3 = 3

⑬ 8 − 6 = 2

⑭ 9 − 4 = 5

⑮ 8 − 4 = 4

⑯ 9 − 5 = 4

35 교과서 3. 덧셈과 뺄셈

※ 뺄셈을 하세요.

① 3 − 1 = 2

② 4 − 3 = 1

③ 6 − 4 = 2

④ 9 − 5 = 4

⑤ 8 − 8 = 0

⑥ 5 − 0 = 5

⑦ 7 − 5 = 2

⑧ 5 − 1 = 4

⑨ 8 − 2 = 6

⑩ 4 − 0 = 4

⑪ 9 − 2 = 7

⑫ 9 − 6 = 3

⑬ 7 − 7 = 0

⑭ 8 − 3 = 5

⑮ 6 − 5 = 1

⑯ 9 − 3 = 6

36 덧셈식에서 □ 안의 수 구하기

※ □ 안에 알맞은 수를 써넣으세요.

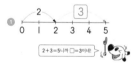

① 2 + 3 = 5

② 3 + 2 = 5

③ 4 + 2 = 6

④ 2 + 4 = 6

⑤ 3 + 4 = 7

⑥ 4 + 3 = 7

36 교과서 3. 덧셈과 뺄셈

※ □ 안에 알맞은 수를 써넣으세요.

① 3 + 4 = 7

3에서 몇만큼 커져야 7이 되는지 세어 봐요.

② 4 + 5 = 9

③ 2 + 5 = 7

④ 5 + 3 = 8

⑤ 6 + 1 = 7

⑥ 6 + 3 = 9

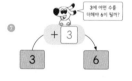

⑦ 3에 어떤 수를 더해야 6이 될까?

+3

3 → 6

⑧ +4

4 → 8

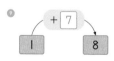

⑨ +7

1 → 8

⑩ +2

5 → 7

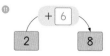

⑪ +6

2 → 8

37 뺄셈식에서 □ 안의 수 구하기

※ □ 안에 알맞은 수를 써넣으세요.

① 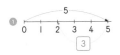 5 − [3] = 2
[3]
수직선을 보고 □ 안의 수를 생각해 봐요.
5 − 3 = 2이므로 □ 안의 수는 3이에요.

② 5 − [2] = 3
[2]

③ 6 − [2] = 4
[2]

④ 6 − [4] = 2
[4]

⑤ 7 − [4] = 3
[4]

⑥ 7 − [3] = 4
[3]

37 [교과서] 3. 덧셈과 뺄셈

※ □ 안에 알맞은 수를 써넣으세요.

① 3 − [2] = 1
3개에서 몇 개를 지워야 1개가 남을까?

② 4 − [2] = 2

③ 5 − [4] = 1

④ 6 − [3] = 3

⑤ 5 − [1] = 4

⑥ 7 − [5] = 2

⑦ 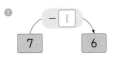 7 −[1]→ 6

⑧ 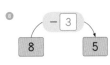 8 −[3]→ 5

⑨ 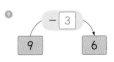 9 −[3]→ 6

⑩ 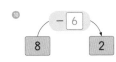 8 −[6]→ 2

⑪  7 −[2]→ 5

38 □ 안의 수 구하기는 중요해

※ □ 안에 알맞은 수를 써넣으세요.

① 1 + [4] = 5
② 2 + [6] = 8
③ 3 + [3] = 6
④ 4 + [3] = 7
⑤ 5 + [4] = 9
⑥ 7 + [2] = 9
⑦ 3 + [4] = 7
⑧ 4 + [4] = 8
⑨ 3 + [1] = 4
⑩ 5 + [2] = 7
⑪ 2 + [7] = 9
⑫ 6 + [2] = 8
⑬ 1 + [5] = 6
⑭ 2 + [3] = 5
⑮ 3 + [5] = 8
⑯ 6 + [3] = 9

38 [교과서] 3. 덧셈과 뺄셈

※ □ 안에 알맞은 수를 써넣으세요.

① 6 − [2] = 4
② 5 − [4] = 1
③ 7 − [3] = 4
④ 4 − [1] = 3
⑤ 8 − [4] = 4
⑥ 3 − [0] = 3
⑦ 9 − [5] = 4
⑧ 8 − [7] = 1
⑨ 3 − [3] = 0
⑩ 5 − [3] = 2
⑪ 8 − [5] = 3
⑫ 5 − [0] = 5
⑬ 7 − [5] = 2
⑭ 6 − [5] = 1
⑮ 9 − [2] = 7
⑯ 9 − [7] = 2

39 □ 안의 수 구하기 집중 연습

※ □ 안에 알맞은 수를 써넣으세요.

① 5 + ３ = 8

② 2 + ２ = 4

③ 4 + ５ = 9

④ 3 + ４ = 7

⑤ 3 + ６ = 9

⑥ 6 + ０ = 6

⑦ 4 + ４ = 8

⑧ 7 + ２ = 9

⑨ 6 − ３ = 3

⑩ 7 − ４ = 3

⑪ 8 − ３ = 5

⑫ 5 − １ = 4

⑬ 6 − ０ = 6

⑭ 9 − ４ = 5

⑮ 9 − ８ = 1

⑯ 8 − ６ = 2

---

39 교과서 3. 덧셈과 뺄셈

※ □ 안에 알맞은 수를 써넣으세요.

헷갈리기 쉬운 계산이에요. 집중!!

① 1 + ６ = 7

② 3 + ５ = 8

③ 7 + １ = 8

④ 5 + ４ = 9

⑤ 7 − ６ = 1

⑥ 8 − ４ = 4

⑦ 6 − ４ = 2

⑧ 9 − ３ = 6

⚠️ 앗! 실수

⑨ 2 + ７ = 9

⑩ 3 + ６ = 9

⑪ 3 + ４ = 7

⑫ 9 − ７ = 2

⑬ 7 − ２ = 5

⑭ 8 − ８ = 0

식 사이의 나를 잘 찾아 냈다면
덧셈, 뺄셈 이해 끝!

---

40 생활 속 연산 – 덧셈과 뺄셈

※ 그림을 보고 □ 안에 알맞은 수를 써넣으세요.

① 냉장고에 들어 있는 오렌지와 사과는 모두 ７ 개입니다.

'모두', '전체'를 물어보면
나를 이용하여 덧셈식을 만들어요!

② 필통 속에 들어 있는 색연필과 연필은 모두 ９ 자루입니다.

③ 피자 6조각 중 2조각을 먹으면 남은 피자는 ４ 조각입니다.

'남은' 것을 물어보면
나를 이용하여 뺄셈식을 만들어요

④  8명이 탈 수 있는 회전차에 3명이 타고 있으면 남은 칸에는 ５ 명이 더 탈 수 있습니다.

---

40 꿀떡! 연산 간식

※ 계산을 한 다음, 아래 그림에 알맞은 색을 칠해 보세요.

① 9 − 9 = 0

② 7 − 3 = 4

③ 2 − 2 = 0

④ 8 − 4 = 4

⑤ 5 − 0 = 5

⑥ 2 + 5 = 7

⑦ 7 − 2 = 5

⑧ 3 + 4 = 7

⑨ 6 − 6 = 0

계산 결과에 알맞은 색을 칠해 보세요

| 0 : 파란색 | 4 : 빨간색 | 5 : 노란색 | 7 : 주황색 |

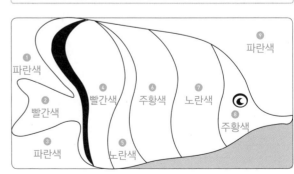

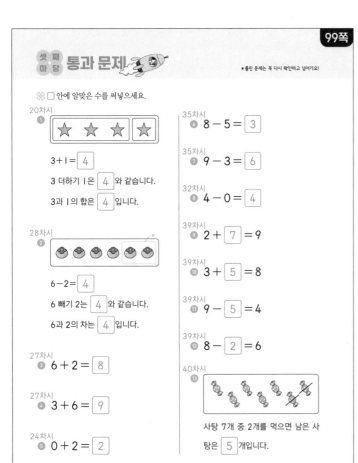

셋째마당 통과 문제

*틀린 문제는 꼭 다시 확인하고 넘어가요!

❀ □ 안에 알맞은 수를 써넣으세요.

20차시
① ★ ★ ★ ★

3 + 1 = 4

3 더하기 1은 4 와 같습니다.

3과 1의 합은 4 입니다.

28차시
②

6 − 2 = 4

6 빼기 2는 4 와 같습니다.

6과 2의 차는 4 입니다.

27차시
③ 6 + 2 = 8

27차시
④ 3 + 6 = 9

24차시
⑤ 0 + 2 = 2

35차시
⑥ 8 − 5 = 3

35차시
⑦ 9 − 3 = 6

32차시
⑧ 4 − 0 = 4

39차시
⑨ 2 + 7 = 9

39차시
⑩ 3 + 5 = 8

39차시
⑪ 9 − 5 = 4

39차시
⑫ 8 − 2 = 6

40차시
⑬

사탕 7개 중 2개를 먹으면 남은 사탕은 5 개입니다.

셋째 마당 정복!
넷째 마당으로 가 보자고

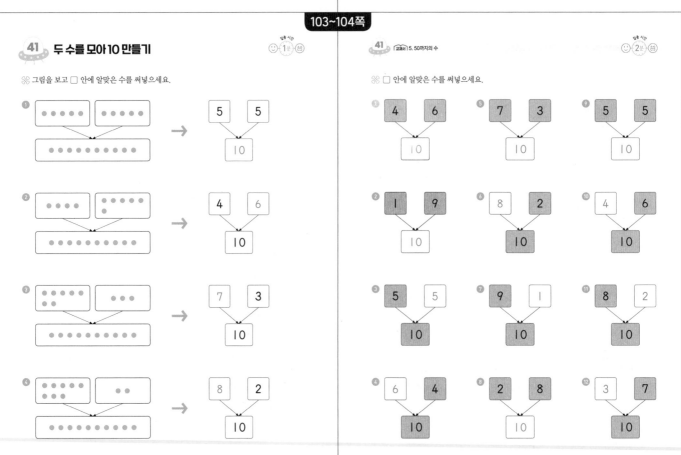

41 두 수를 모아 10 만들기

걸린 시간 ☺ 1분 ☺

❀ 그림을 보고 □ 안에 알맞은 수를 써넣으세요.

① 5 5 → 10

② 4 6 → 10

③ 7 3 → 10

④ 8 2 → 10

41 교과서 5. 50까지의 수

걸린 시간 ☺ 2분 ☺

❀ □ 안에 알맞은 수를 써넣으세요.

① 4 6 → 10

② 1 9 → 10

③ 5 5 → 10

④ 6 4 → 10

⑤ 7 3 → 10

⑥ 8 2 → 10

⑦ 9 1 → 10

⑧ 2 8 → 10

⑨ 5 5 → 10

⑩ 4 6 → 10

⑪ 8 2 → 10

⑫ 3 7 → 10

42 10을 두 수로 가르기

☼ 그림을 보고 □ 안에 알맞은 수를 써넣으세요.

① 10 → 4 6

② 10 → 5 5

③ 10 → 3 7

④ 10 → 8 2

42 교과서 5. 50까지의 수

☼ □ 안에 알맞은 수를 써넣으세요.

① 10 / 9 1
⑤ 10 / 4 6
⑨ 10 / 3 7

② 10 / 8 2
⑥ 10 / 3 7
⑩ 10 / 5 5

③ 10 / 5 5
⑦ 10 / 9 1
⑪ 10 / 4 6

④ 10 / 2 8
⑧ 10 / 6 4
⑫ 10 / 8 2

43 11부터 19까지의 수 쓰고 읽기

☼ 수를 세어 쓰고, 두 가지 방법으로 읽어 보세요.

	쓰기	읽기 ①	읽기 ②
①	11	십일	열하나
②	12	십이	열둘
③	13	십삼	열셋
④	15	십오	열다섯
⑤	17	십칠	열일곱
⑥	16	십육	열여섯

43 교과서 5. 50까지의 수

☼ 순서에 맞게 빈칸에 알맞은 수나 말을 써넣으세요.

① 11 12 13 14 15 16 17 18 19

② 십일 십이 십삼 십사 십오 십육 십칠 십팔 십구

③ 열하나 열둘 열셋 열넷 열다섯 열여섯 열일곱

④ 19 18 17 16 15 14 13 12 11

⑤ 십구 십팔 십칠 십육 십오 십사 십삼 십이 십일

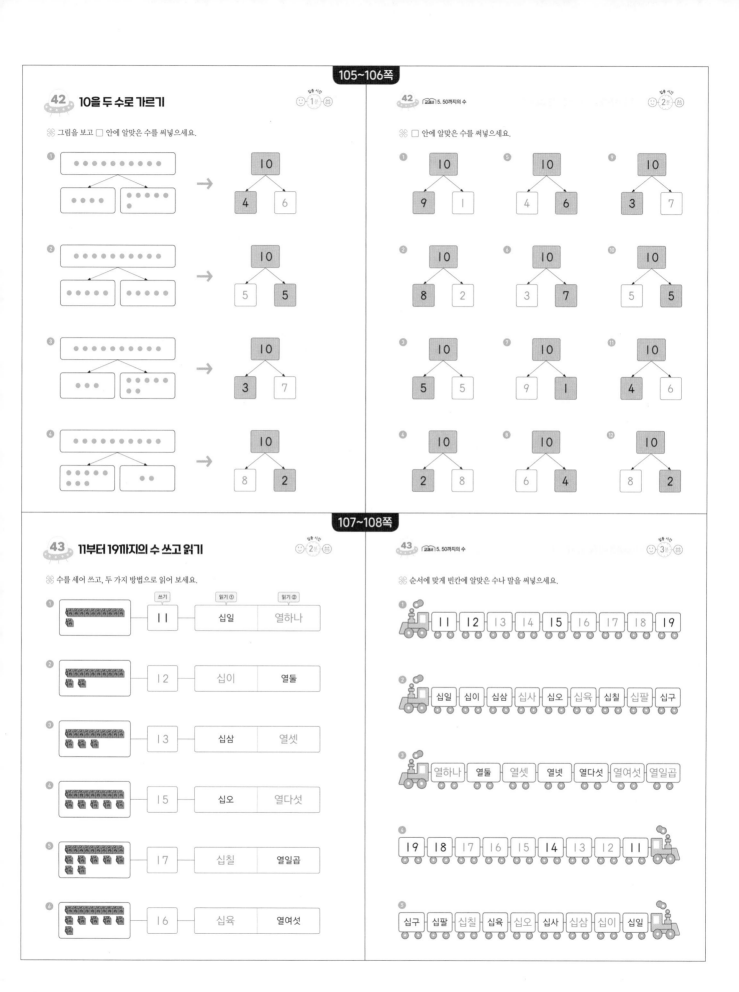

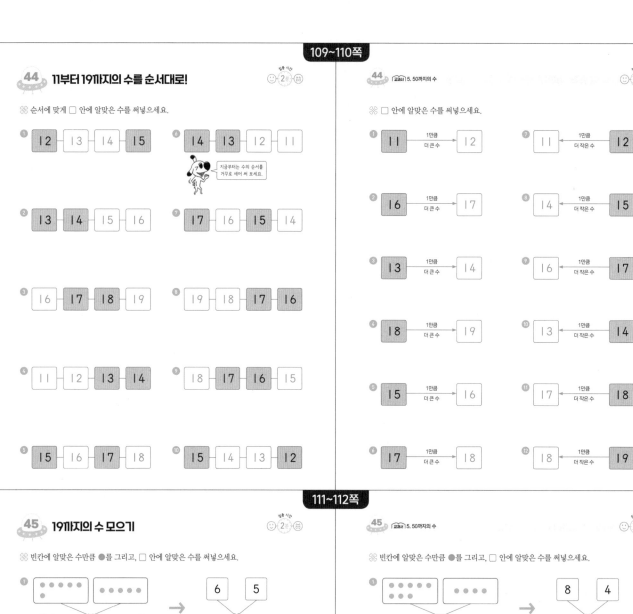

45 19까지의 수 모으기

45 교과서 5. 50까지의 수

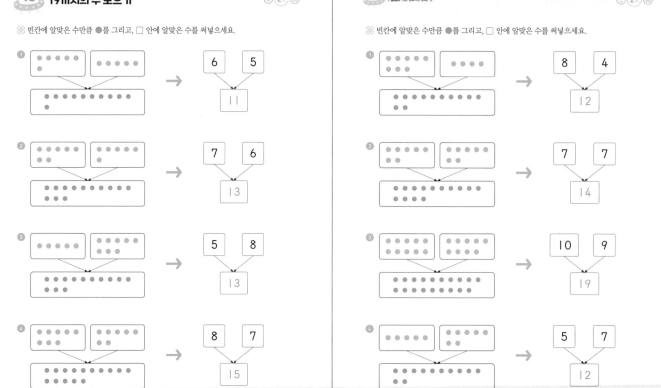

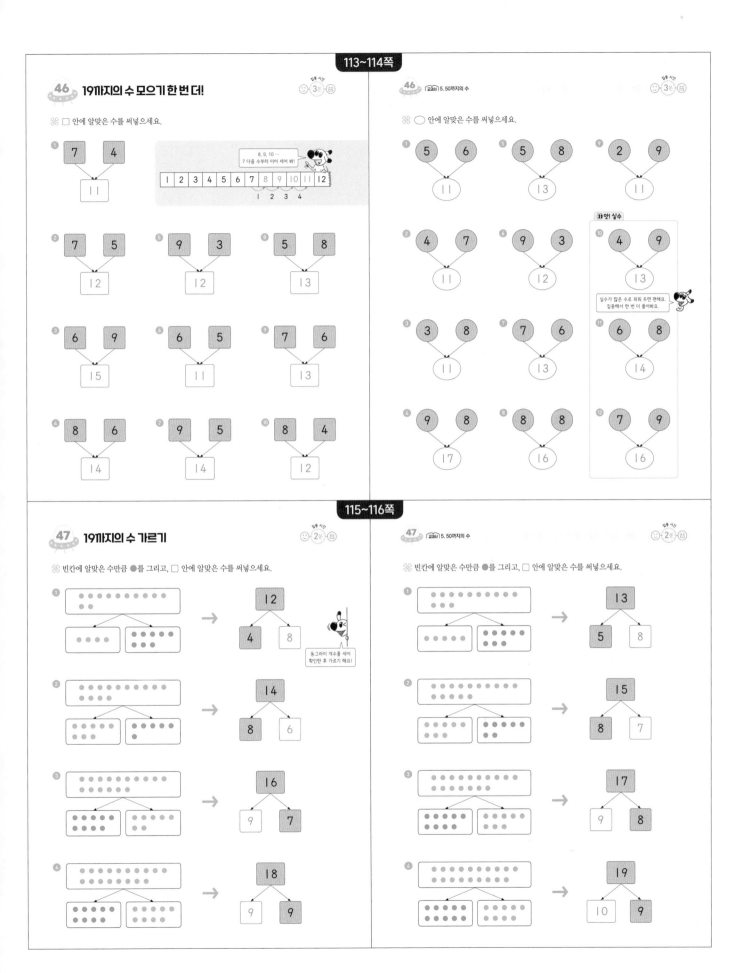

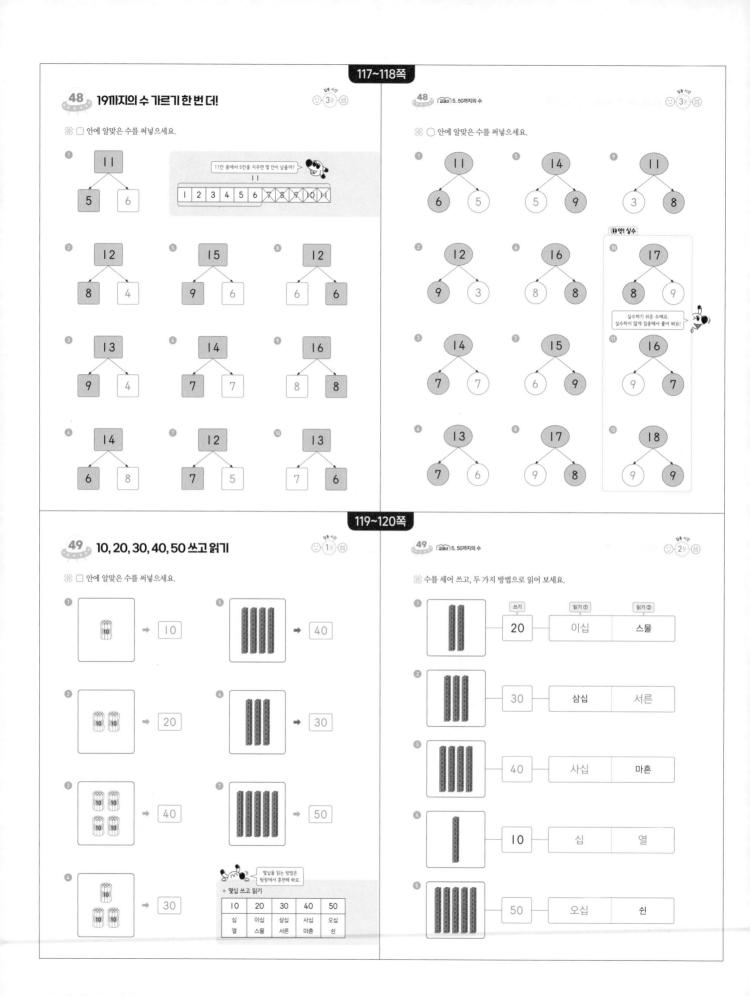

48 19까지의 수 가르기 한 번 더!

※ □ 안에 알맞은 수를 써넣으세요.

48 [교과서] 5. 50까지의 수

※ ○ 안에 알맞은 수를 써넣으세요.

49 10, 20, 30, 40, 50 쓰고 읽기

※ □ 안에 알맞은 수를 써넣으세요.

* 몇십 쓰고 읽기

10	20	30	40	50
십	이십	삼십	사십	오십
열	스물	서른	마흔	쉰

49 [교과서] 5. 50까지의 수

※ 수를 세어 쓰고, 두 가지 방법으로 읽어 보세요.

	쓰기	읽기①	읽기②
①	20	이십	스물
②	30	삼십	서른
③	40	사십	마흔
④	10	십	열
⑤	50	오십	쉰

50 50까지의 수, 쓰고 읽을 수 있나요?

※ 수를 세어 쓰고, 두 가지 방법으로 읽어 보세요.

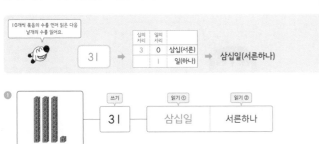

50 교과서 5. 50까지의 수

※ 수를 세어 쓰고, 두 가지 방법으로 읽어 보세요.

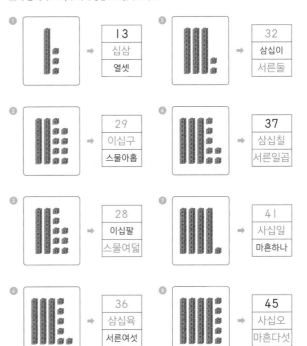

❶ 13 / 십삼 / 열셋
❷ 29 / 이십구 / 스물아홉
❸ 28 / 이십팔 / 스물여덟
❹ 36 / 삼십육 / 서른여섯
❺ 32 / 삼십이 / 서른둘
❻ 37 / 삼십칠 / 서른일곱
❼ 41 / 사십일 / 마흔하나
❽ 45 / 사십오 / 마흔다섯

51 10개씩 묶음과 낱개의 수를 더하면?

※ 빈칸에 알맞은 수를 써넣으세요.

51 교과서 5. 50까지의 수

※ 수를 두 가지 방법으로 읽어 보세요.

❶

수	20	30	40	50
읽기	이십	삼십	사십	오십
	스물	서른	마흔	쉰

❷

수	35	36	37	38
읽기	삼십오	삼십육	삼십칠	삼십팔
	서른다섯	서른여섯	서른일곱	서른여덟

❸

수	41	42	43	44
읽기	사십일	사십이	사십삼	사십사
	마흔하나	마흔둘	마흔셋	마흔넷

52 생활 속 연산 – 50까지의 수

⚘ 그림을 보고 보기 에서 알맞은 수나 말을 찾아 써넣으세요.

보기 3 10 17 30 열 십이 십칠 이십오

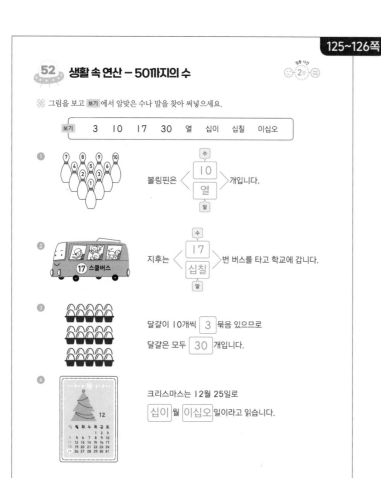

① 볼링핀은 〈 수 10 / 말 열 〉 개입니다.

② 지후는 〈 수 17 / 말 십칠 〉 번 버스를 타고 학교에 갑니다.

③ 달걀이 10개씩 3 묶음 있으므로 달걀은 모두 30 개입니다.

④ 크리스마스는 12월 25일로 십이 월 이십오 일이라고 읽습니다.

⚘ 준호는 금붕어 17마리를 사와 어항 2개에 나누어 담았습니다. 금붕어를 모두 나누어 담은 두 어항을 바르게 연결해 보세요.

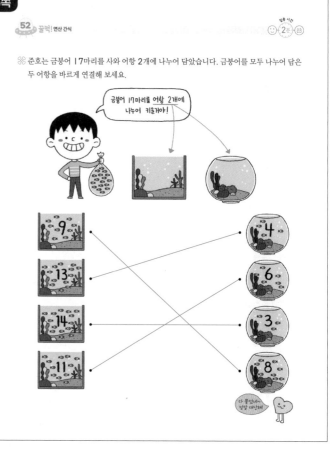

넷째 마당 통과 문제

*틀린 문제는 꼭 다시 확인하고 넘어가요!

⚘ □ 안에 알맞은 수를 써넣으세요.

44차시
① 12 — 1만큼 더 큰 수 → 13

44차시
② 16 ← 1만큼 더 작은 수 — 17

41차시
③ 4 6 → 10

41차시
④ 8 2 → 10

46차시
⑤ 5 9 → 14

48차시
⑥ 11 → 8 3

48차시
⑦ 15 → 7 8

48차시
⑧ 12 → 5 7

52차시
⑨ 초콜렛이 10개씩 2 묶음 있으므로 초콜렛은 모두 20 개입니다.

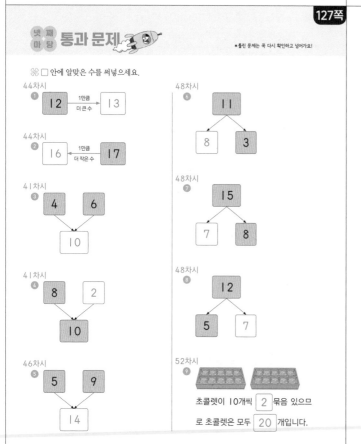

넷째 마당 정복!
다섯째 마당으로 가 보자고

53 50까지 순서대로 쓸 수 있나요?

걸린 시간 ☺ 2분 ☺

※ 순서에 맞게 빈칸에 알맞은 수를 써넣으세요.

❶ 1씩 커져요.

1	2	3	4	5
6	7	8	9	10

❺

17	18	19	20	21
22	23	24	25	26

❷ 1씩 작아져요.

11	12	13	14	15
16	17	18	19	20

❻

27	28	29	30	31
32	33	34	35	36

❸

16	17	18	19	20
21	22	23	24	25

❼

31	32	33	34	35
36	37	38	39	40

❹

23	24	25	26	27
28	29	30	31	32

❽

41	42	43	44	45
46	47	48	49	50

53 교과서 5. 50까지의 수

걸린 시간 ☺ 2분 ☺

※ 순서에 맞게 □ 안에 알맞은 수를 써넣으세요.

❶ 25 — 26 — 27

❻ 47 — 48 — 49

❷ 31 — 32 — 33

❼ 41 — 42 — 43

❸ 35 — 36 — 37

❽ 44 — 45 — 46

❹ 28 — 29 — 30

❾ 23 — 24 — 25

❺ 27 — 28 — 29

❿ 38 — 39 — 40

54 1만큼 더 큰 수/작은 수를 찾아라!

걸린 시간 ☺ 1분 ☺

※ □ 안에 알맞은 수를 써넣으세요.

❶ 26 →1만큼 더 큰 수→ 27
26 바로 뒤의 수

❻ 28 ←1만큼 더 작은 수← 29
29 바로 앞의 수

❷ 29 →1만큼 더 큰 수→ 30

❼ 33 ←1만큼 더 작은 수← 34

❸ 31 →1만큼 더 큰 수→ 32

❽ 35 ←1만큼 더 작은 수← 36

❹ 38 →1만큼 더 큰 수→ 39

❾ 40 ←1만큼 더 작은 수← 41

❺ 44 →1만큼 더 큰 수→ 45

❿ 48 ←1만큼 더 작은 수← 49

54 교과서 5. 50까지의 수

걸린 시간 ☺ 2분 ☺

※ □ 안에 알맞은 수를 써넣으세요.

❶ 20 ←1만큼 더 작은 수 21 1만큼 더 큰 수→ 22

❻ 38 ←1만큼 더 작은 수 39 1만큼 더 큰 수→ 40

❷ 27 ←1만큼 더 작은 수 28 1만큼 더 큰 수→ 29

❼ 41 ←1만큼 더 작은 수 42 1만큼 더 큰 수→ 43

❸ 32 ←1만큼 더 작은 수 33 1만큼 더 큰 수→ 34

❽ 46 ←1만큼 더 작은 수 47 1만큼 더 큰 수→ 48

❹ 34 ←1만큼 더 작은 수 35 1만큼 더 큰 수→ 36

❾ 36 ←1만큼 더 작은 수 37 1만큼 더 큰 수→ 38

❺ 29 ←1만큼 더 작은 수 30 1만큼 더 큰 수→ 31

❿ 39 ←1만큼 더 작은 수 40 1만큼 더 큰 수→ 41

55 수의 순서 익히기 ⏱ 3분

※ □ 안에 알맞은 수를 써넣으세요.

❶ 24 [25] [26] 27 28

❻ 22 [23] [24] 25 26

❷ 28 [29] 30 [31] 32

❼ 31 [32] 33 34 [35]

❸ 33 34 35 [36] [37]

❽ 37 [38] [39] 40 41

❹ 46 [47] [48] 49 50

❾ [40] [41] 42 43 44

❺ 19 20 [21] [22] 23

❿ 45 [46] 47 [48] 49

---

55 교과서 5. 50까지의 수 ⏱ 3분

※ 순서에 맞게 빈칸에 알맞은 수를 써넣으세요.

❶
1	2	3	4	5
6	7	8	9	10
11	12	13	14	15
16	17	18	19	20
21	22	23	24	25

❸
11	12	13	14	15
16	17	18	19	20
21	22	23	24	25
26	27	28	29	30
31	32	33	34	35

❷
16	17	18	19	20
21	22	23	24	25
26	27	28	29	30
31	32	33	34	35
36	37	38	39	40

❹
26	27	28	29	30
31	32	33	34	35
36	37	38	39	40
41	42	43	44	45
46	47	48	49	50

1부터 50까지의 수를 순서대로 쓰면 완성!

---

56 수의 크기 비교는 10개씩 묶음의 수부터! ⏱ 2분

※ 더 큰 수에 ○표 하세요.

❶ 20   (30)

❺ 20   (25)

❷ 22   (40)

❸ 33   (45)

* 수의 크기는 10개씩 묶음의 수부터 비교해요.

28 < 42

더 많아요.

* 10개씩 묶음의 수가 같으면 낱개의 수가 많은 것이 더 큰 수예요.

11 < 15

더 많아요.

❹ (34)   26

❻ 31   (34)

---

56 교과서 5. 50까지의 수 ⏱ 2분

※ □ 안에 알맞은 수를 써넣으세요.

❶ 29 39
더 큰 수: 39

❻ 30 29
더 작은 수: 29

❷ 24 26
더 큰 수: 26

❼ 32 28
더 작은 수: 28

❸ 30 40
더 큰 수: 40

❽ 19 21
더 작은 수: 19

❹ 35 38
더 큰 수: 38

❾ 41 39
더 작은 수: 39

❺ 46 42
더 큰 수: 46

❿ 49 47
더 작은 수: 47

57 50까지의 수의 크기 비교

❀ 큰 수부터 차례대로 쓰세요.

❶ 22 12 32
→ 32, 22, 12

❺ 28 38 30
→ 38, 30, 28

❷ 29 40 31
→ 40, 31, 29

❻ 36 34 42
→ 42, 36, 34

❸ 25 23 29
→ 29, 25, 23

❼ 41 39 47
→ 47, 41, 39

❹ 30 29 31
→ 31, 30, 29

❽ 38 45 46
→ 46, 45, 38

30과 31은 10개씩 묶음의 수가 같아서 낱개의 수를 비교해야 해요~

57 5. 50까지의 수

❀ 조건에 맞는 수를 모두 찾아 ○표 하세요.

 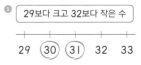

❶ 21보다 크고 24보다 작은 수
21 ㉒ ㉓ 24 25

❺ 29보다 크고 32보다 작은 수
29 ㉚ ㉛ 32 33

❷ 25보다 크고 28보다 작은 수
24 25 ㉖ ㉗ 28

❻ 37보다 크고 40보다 작은 수
36 37 ㉘ ㉙ 40

❸ 32보다 크고 35보다 작은 수
31 32 ㉝ ㉞ 35

❼ 39보다 크고 42보다 작은 수
38 39 ㊵ ㊶ 42

❹ 40보다 크고 43보다 작은 수
40 ㊸ ㊷ 43 44

❽ 46보다 크고 50보다 작은 수
46 ㊼ ㊽ ㊾ 50

58 가장 큰 수와 가장 작은 수 찾기

❀ □ 안에 알맞은 수를 써넣으세요.

10개씩 묶음의 수를 먼저 비교해요!

❶ 26 20 34
가장 큰 수: 34

❷ 15 25 26
가장 큰 수: 26

❻ 40 39 41
가장 작은 수: 39

❸ 29 30 28
가장 큰 수: 30

❼ 34 44 24
가장 작은 수: 24

❹ 36 38 37
가장 큰 수: 38

❽ 23 45 31
가장 작은 수: 23

❺ 29 39 42
가장 큰 수: 42

❾ 39 49 47
가장 작은 수: 39

58 5. 50까지의 수

❀ 가장 큰 수에 ○표, 가장 작은 수에 △표 하세요.

❶ ㉙ 23 25 ㉑
❺ ㊼ 24 ⟨17⟩ 34

❷ 33 ㊳ 36 ⟨30⟩
❻ 35 ㉗ 44 ㊻

❸ 43 ㊼ ㊳ 46
❼ ⟨19⟩ ㊷ 21 32

❹ ⟨17⟩ ㉛ 28 19
❽ 41 35 ㊸ ⟨27⟩

정답 및 해설 | 31

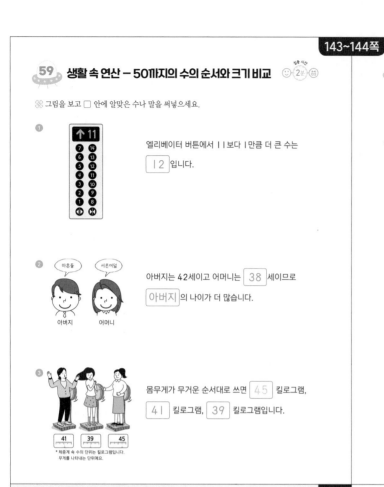

59 생활 속 연산 – 50까지의 수의 순서와 크기 비교

※ 그림을 보고 □ 안에 알맞은 수나 말을 써넣으세요.

① 엘리베이터 버튼에서 11보다 1만큼 더 큰 수는 12 입니다.

② 아버지는 42세이고 어머니는 38 세이므로 아버지 의 나이가 더 많습니다.

③ 몸무게가 무거운 순서대로 쓰면 45 킬로그램, 41 킬로그램, 39 킬로그램입니다.

59 꿀먹|연산 간식

※ 순서에 맞게 빈칸에 알맞은 수를 써넣으세요.

다섯째 마당 통과 문제

*틀린 문제는 꼭 다시 확인하고 넘어가요!

※ □ 안에 알맞은 수를 써넣으세요.

53차시
① 19 20 21 22

53차시
② 35 36 37 38

54차시
③ 32 →1만큼 더 큰 수→ 33

54차시
④ 16 ←1만큼 더 작은 수← 17

54차시
⑤ 39 ←1만큼 더 작은 수 40 1만큼 더 큰 수→ 41

56차시
⑥ 23 39 더 큰 수: 39

56차시
⑦ 19 21 더 작은 수: 19

57차시
⑧ 45 38 49 큰 수부터 차례대로 쓰면 49, 45, 38 입니다.

58차시
⑨ 47 25 39 11
• 가장 큰 수: 47
• 가장 작은 수: 11

58차시
⑩ 32 29 40 37
• 가장 큰 수: 40
• 가장 작은 수: 29

57차시
⑪ 28 29 30 31 32
수직선에서 29보다 크고 32보다 작은 수는 30, 31 입니다.

바빠 시리즈

9살 인생 과제 구구단
적은 시간 투자로 완벽하게!

이번 학기 공부 습관을 만드는 첫 연산 책!

바빠 교과서 연산 1-1

교과서 연산으로
이번 학기 연산도
끝!

알찬 교육 정보도 만나고 출판사 이벤트에도 참여하세요!

바빠 공부단 카페	인스타그램	카카오톡 채널
cafe.naver.com/easyispub	@easys_edu	🔍 이지스에듀 검색!
'바빠 공부단' 카페에서 함께 공부해요! 수학, 영어 담당 바빠쌤의 지도를 받을 수 있어요.	바빠 시리즈 출간 소식과 출판사 이벤트, 교육 정보를 제일 먼저 알려 드려요!	

영역별 연산책 바빠 연산법
방학 때나 학습 결손이 생겼을 때~

- 바쁜 1·2학년을 위한 빠른 **덧셈**
- 바쁜 1·2학년을 위한 빠른 **뺄셈**
- 바쁜 초등학생을 위한 빠른 **구구단**
- 바쁜 초등학생을 위한 빠른 **시계와 시간**

- 바쁜 초등학생을 위한 빠른 **길이와 시간 계산**
- 바쁜 3·4학년을 위한 빠른 **덧셈/뺄셈**
- 바쁜 3·4학년을 위한 빠른 **곱셈**
- 바쁜 3·4학년을 위한 빠른 **나눗셈**
- 바쁜 3·4학년을 위한 빠른 **분수**
- 바쁜 3·4학년을 위한 빠른 **소수**
- 바쁜 3·4학년을 위한 빠른 **방정식**

- 바쁜 5·6학년을 위한 빠른 **곱셈**
- 바쁜 5·6학년을 위한 빠른 **나눗셈**
- 바쁜 5·6학년을 위한 빠른 **분수**
- 바쁜 5·6학년을 위한 빠른 **소수**
- 바쁜 5·6학년을 위한 빠른 **방정식**
- 바쁜 초등학생을 위한 빠른 **약수와 배수, 평면도형 계산, 입체도형 계산, 자연수의 혼합 계산, 분수와 소수의 혼합 계산, 비와 비례, 확률과 통계**

바빠 국어/ 급수한자
초등 교과서 필수 어휘와 문해력 완성!

- 바쁜 초등학생을 위한 빠른 **맞춤법 1**
- 바쁜 초등학생을 위한 빠른 **급수한자 8급**
- 바쁜 초등학생을 위한 빠른 **독해 1, 2**

- 바쁜 초등학생을 위한 빠른 **독해 3, 4**
- 바쁜 초등학생을 위한 빠른 **맞춤법 2**
- 바쁜 초등학생을 위한 빠른 **급수한자 7급 1, 2**

- 바쁜 초등학생을 위한 빠른 **급수한자 6급 1, 2, 3**
- 보일락 말락~ 바빠 **급수한자판** + 6·7·8급 모의시험

- 바빠 급수 시험과 어휘력 잡는 초등 **한자 총정리**
- 바쁜 초등학생을 위한 빠른 **독해 5, 6**

재미있게 읽다 보면 나도 모르게 교과 지식까지 쑥쑥!

바빠 영어
우리 집, 방학 특강 교재로 인기 최고!

- 바쁜 초등학생을 위한 빠른 **알파벳 쓰기**
- 바쁜 초등학생을 위한 빠른 **영단어 스타터 1, 2**
- 바쁜 초등학생을 위한 빠른 **사이트 워드 1, 2**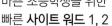
- 바쁜 초등학생을 위한 빠른 **파닉스 1, 2**

- 전 세계 어린이들이 가장 많이 읽는 **영어동화 100편 : 명작/과학/위인동화**
- 짝 단어로 끝내는 바빠 **초등 영단어** — 3·4학년용
- 바쁜 3·4학년을 위한 빠른 **영문법 1, 2**
- 바빠 초등 필수 **영단어**
- 바빠 초등 필수 **영단어 트레이닝**
- 바빠 초등 **영어 교과서 필수 표현**
- 바빠 초등 **영어 일기 쓰기**

- 짝 단어로 끝내는 바빠 **초등 영단어** — 5·6학년용
- 바빠 초등 **영문법** — 5·6학년용 1, 2, 3
- 바빠 초등 **영어시제 특강** — 5·6학년용
- 바쁜 5·6학년을 위한 빠른 **영작문**
- 바빠 초등 하루 5문장 **영어 글쓰기 1, 2**